MARTIN WEHRLE

Den Netten beißen die Hunde

mosaik

Martin Wehrle

Den Netten beißen die Hunde

Wie Sie sich Respekt verschaffen, Grenzen setzen und den verdienten Erfolg erlangen

Mit großem »Bin ich zu nett?«-Test

mosaik

FSC
www.fsc.org
MIX
Papier | Fördert gute Waldnutzung
FSC® C083411

Penguin Random House Verlagsgruppe FSC® N001967

6. Auflage
Originalausgabe September 2021

Dieses Werk wurde vermittelt durch die Montasser Medienagentur, München.
Umschlag: Sabine Kwauka
Umschlagmotiv: © Zdenek Sasek; arigato/shutterstock
Redaktion: Dr. Christine Laudahn
Satz: Buch-Werkstatt GmbH, Bad Aibling
Druck und Bindung: CPI books GmbH
Printed in Germany
KW · SZ
ISBN 978-3-442-39377-0

www.mosaik-verlag.de

Inhalt

Teil 1:
Das Drama der Netten

1 Warum Nette ausgenutzt werden

In diesem Kapitel erfahren Sie …

- warum es ein schlechtes Zeichen ist, wenn alle Sie »nett« finden,
- welche zwei Programme Ihres Kopfes Sie Ja sagen lassen, auch wenn Sie Nein meinen,
- warum Nette laut einer Studie besonders *unbeliebt* sind und
- wie ich fast verblutet wäre, nur aus Nettigkeit.

Test: Bin ich zu nett

Wenn jemand zu Ihnen sagt, dass Sie nett sind, fühlen Sie sich damit wohl? Können Sie sich über dieses Kompliment reinen Herzens freuen? Oder schwingt in Ihrem Bauch das ungute Gefühl mit, der andere könnte Sie nur deshalb »nett« finden …

- weil Sie ihn anlächeln, auch wenn Sie schlecht drauf sind,
- weil Sie ihm den Vortritt lassen, statt Ihre Interessen durchzusetzen,
- weil Sie sagen, was er hören will, statt was Sie wirklich denken,
- weil er spürt, dass er Sie vor seinen Karren spannen kann und
- weil Sie Ja zu ihm sagen, auch wenn Sie Nein sagen wollen?

Es gibt eine gesunde Nettigkeit, die Ihnen dient, und eine ungesunde, die Ihnen schadet. Welche Form praktizieren Sie? Das können Sie jetzt in wenigen Minuten herausfinden. Sie werden in diesem Test einen Tag mit zwölf brenzligen Situationen durchlaufen. Kreuzen Sie jedes Mal an, zu welchem Verhalten Sie tendieren – also nicht, was Sie für klüger halten, sondern was Sie im Moment eher tun. Danach verrät Ihnen die Auswertung, ob Ihre Nettigkeit Fluch oder Segen ist. Und los geht's:

Stellen Sie sich vor, Ihr Tag beginnt unerwartet früh. Um 4 Uhr, lang vor Ihrer Zeit, reißt Sie das Hämmern eines Basses aus dem Schlaf. Die Wände vibrieren, so laut dröhnt die Musik von nebenan. Offenbar hat Ihr Nachbar mal wieder einen seiner nächtlichen Hardrock-Anfälle, das passiert mindestens zweimal im Monat, zwischen 2 und 4 Uhr. Ihr Herz rast, Sie sind hellwach. Wie reagieren Sie?

a) *Ich gehe rüber, erinnere ihn an die Uhrzeit und verbitte mir den Lärm. Wenn er dann nicht leise ist, rufe ich die Polizei.*
b) *Ich verzichte darauf, mitten in der Nacht einen Aufstand zu machen. Eigentlich ist er ja ein netter Kerl. Und vielleicht schlafe ich doch noch wieder ein.*

Um 6 Uhr geht Ihr Wecker, aber Sie sind immer noch wach. Total gerädert schleppen Sie sich zum Kinderzimmer und rufen: »Aufstehen, es ist Zeit.« Ihr Kind – nehmen Sie an, eines zu haben – rührt sich nicht von der Stelle. Erst als Sie Ihren Satz wiederholen, hören Sie es betteln: »Ich war die ganze Zeit wach. Wegen der Musik. Lass mich noch etwas schlafen.« Sie wissen, dass es für Sie vor der Arbeit knapp wird, wenn Ihr Kind länger als bis 6 Uhr schläft. Was tun Sie?

a) *Ich sage: »Dennoch musst du jetzt aufstehen, sonst reicht uns die Zeit nicht. Ich will entspannt aufbrechen und pünktlich bei der Arbeit sein.«*
b) *Ich verstehe, dass das Kind noch eine Mütze Schlaf braucht, und will in der Frühe nicht schon so streng sein: »Na gut, aber nur fünf Minuten.« Und vielleicht werden wieder zehn daraus.*

Sie betreten die Küche, dort steht Ihr Schatz gerade vom Frühstückstisch auf. Er muss morgens immer eine Viertelstunde vor Ihnen raus. Eigentlich hat er Ihnen gestern zugesagt, sein Geschirr selbst abzuräumen und das Pausenbrot für das Kind vorzubereiten. Aber beides hat er heute offenbar vergessen. Wie reagieren Sie?

a) *Ich sage: »Räumst du bitte dein Geschirr ab und machst das Pausenbrot noch fertig? Das haben wir so vereinbart.«*
b) *Ich sehe davon ab, ihm schon am Frühstückstisch eine Szene zu machen. Schließlich hat auch er durch den Höllenlärm eine schlechte Nacht hinter sich.*

Eine Stunde später, natürlich hektisch, verlassen Sie gemeinsam mit Ihrem Kind das Haus. Vor der Tür läuft Ihnen Ihr lauter Nachbar über den Weg, der sich mit rekordverdächtigen Augenringen auf den Weg zur Arbeit macht. Er kommt auf Sie zu, lächelt verlegen und sagt: »Tut mir echt leid, dass es heute Nacht so laut war. Ich verspreche, das kommt nicht wieder vor.« Wie reagieren Sie?

a) *Ich sage: »Für mich ist das eine Zumutung, ich lag seit vier Uhr wach. Es geht schon länger so, und es war jetzt das zweite Mal in diesem Monat. Beim nächsten Mal wähle ich 110.«*
b) *Ich rechne ihm hoch an, dass er das Thema anspricht und sich entschuldigt. Mir wäre es schwergefallen, auf ihn zuzugehen. Also sage ich etwas wie: »Ist ja kein Weltuntergang. Aber es sollte jetzt wirklich nicht mehr vorkommen.«*

Nachdem Sie Ihr Kind auf den Schulweg gebracht haben und Ihren Arbeitsplatz betreten, stürmt gleich Ihre »Lieblingskollegin« auf Sie zu. Jeden Morgen dasselbe: Noch ehe Sie Ihre Jacke abgelegt haben, erzählt sie Ihnen den neusten Tratsch aus ihrer Nachbarschaft. Sie finden diese Erzählungen langweilig und fühlen sich von der Arbeit abgehalten, aber offenbar hat sie außer Ihnen niemand zum Reden. Was tun Sie nun?

a) Ich sage: »Tut mir leid, ich habe kaum geschlafen und kenne deine Nachbarn nicht – deshalb fällt es mir schwer, deinen Geschichten zu folgen. Können wir uns generell darauf einigen, dass ich mich morgens erst mal in Ruhe meiner Arbeit widmen kann?«
b) Ich habe Mitleid, weil sie offenbar einsam und sehr mitteilungsbedürftig ist. Ich tu so, als würde ich ihr aufmerksam zuhören – und widme mich dann irgendwann der Arbeit, in der Hoffnung, dass sie dies als Schlussstrich unter unserem Gespräch erkennt.

Es wird ein anstrengender Tag, Ihr Kopf schwirrt vor Arbeit. Ein dringender Termin jagt den nächsten, Sie wissen nicht, wie Sie alles schaffen sollen. Am späten Vormittag – auch das noch! – steht Ihr Chef auf der Matte: »Gerade ist was ganz Dringendes auf meinem Schreibtisch gelandet. Diese Aufgabe muss heute noch erledigt werden, sonst steigt mir der Oberboss aufs Dach. Und wenn das jemand in unserem Team schafft, dann Sie – ich weiß doch, wie fleißig und effektiv Sie sind.« Ihnen ist sofort klar, dass diese Aufgabe in der regulären Arbeitszeit nicht zu schaffen ist. Und eigentlich sind Sie direkt nach Feierabend mit einer Freundin zum Joggen verabredet. Wie reagieren Sie?

a) *Ich sage meinem Chef: »Danke, dass Sie mir so viel zutrauen. Nur bin ich schon mehr als ausgelastet. Und Überstunden kommen nicht in Frage, ich habe heute Abend etwas vor.«*
b) *Das Nein-Sagen fällt mir unendlich schwer, deshalb lasse ich mich breitschlagen – zumal es mir schmeichelt, dass mein Chef so große Stücke auf mich hält.*

Später, in der Mittagspause, sitzen Sie mit einem Kollegen am Tisch, der die Runde gern zum Lachen bringt. Alle kleben an seinen Lippen, als er zu einem Witz ausholt. Sein Humor ist derb, gar nicht Ihre Wellenlänge, auch diesmal. Doch die Kollegen am Tisch brechen in Gelächter aus. Wie verhalten Sie sich?

a) *Ich verziehe keine Miene und sage, wenn jemand fragt, dass ich diesen Witz nicht lustig finde. Wenn ich über schale Späße lache, sporne ich den Witzbold doch zu Nachschub auf demselben Niveau an.*
b) *Ich lache mit, vielleicht etwas leiser als die anderen. Das passiert ganz automatisch. Außerdem fände ich es unhöflich, nicht auf seinen Witz zu reagieren. Immerhin hat er sich bemüht, die Runde zu unterhalten.*

Am späten Nachmittag nehmen Sie an einer Sitzung teil. Ihr Chef fragt in die Runde: »Wer schreibt das Protokoll?« Peinliches

Schweigen breitet sich aus, und er hakt nach: »Ich erwarte keinen Roman, wirklich nur ein paar Sätze. Also, wer will?« Alle blicken betreten auf die Tischplatte, die Situation wird immer peinlicher. Wie gehen Sie damit um?

a) *Ich mache es genauso wie die anderen: Ich rühre mich nicht. Warum soll gerade ich in die Bresche springen?*
b) *Gut möglich, dass ich die peinliche Situation nicht aushalte und den Chef aus seiner misslichen Lage befreie: »Also gut, ich mach's. Aber wirklich nur ein paar Sätze.«*

Im Verlauf des Meetings bemerken Sie, dass Sie immer heftigere Kopfschmerzen bekommen – offenbar eine Nachwirkung der schlaflosen Nacht. Der Schmerz pocht so stark von Schläfe zu Schläfe, dass Sie der Sitzung kaum noch folgen können. Was tun Sie?

a) *Ich spiele mit offenen Karten und sage: »Sorry, ich bekomme immer stärkere Kopfschmerzen. Ich kann der Sitzung nicht mehr folgen, ich muss jetzt nach Hause.«*
b) *Ich halte mich mit Wortbeiträgen zurück und hoffe, dass die Sitzung bald vorüber ist. Sagen werde ich nichts, denn ich will die Sitzung nicht sprengen oder als wehleidig gelten.*

Auf dem Heimweg müssen Sie noch zum Einkaufen, denn der Kühlschrank ist fast leer. Sie wollen so schnell wie möglich zu Hause sein. An der Kasse drängelt sich ein junger Mann vor Ihnen in die Schlange und lächelt Sie an: »Ich hab nur drei Sachen, Sie lassen mich doch vor?« Wie reagieren Sie?

a) *Ich sage zu ihm: »Bitte stellen Sie sich wieder hinter mich, ich habe es selber eilig. Und beim nächsten Mal fragen Sie bitte,* bevor *Sie jemanden überholen.«*
b) *Ich finde es zwar nicht richtig, dass er sich vorgedrängelt hat. Aber soll ich ihm deshalb eine Szene im vollen Laden machen? Diese eine Minute macht den Kohl auch nicht mehr fett.*

Ziemlich geschafft kommen Sie zu Hause an, erledigen ein paar Dinge und schlüpfen in Ihre Joggingkleidung. Um 18.30 Uhr hat sich Ihre Freundin fürs gemeinsame Joggen angekündigt. Sie hoffen, dass sie heute pünktlich kommt, denn zuletzt tauchte sie zweimal verspätet auf (was einen leisen Groll in Ihnen ausgelöst hat). Doch als Sie sich schon dehnen, schickt sie Ihnen per Handy eine Nachricht: »Es wird 15 Minuten später.« Was werden Sie tun, wenn Sie sie gleich treffen?

a) *Ich sage ihr, dass mich ihre wiederholten Verspätungen ärgern – besonders heute, da ich einen schlechten Tag hatte. Und ich bitte sie, künftig wieder pünktlich zu sein.*
b) *Ich mache vielleicht einen kleinen Scherz über ihre Unpünktlichkeit, denn alles andere wäre kleinlich unter Freunden. Dass Verspätungen nicht in Ordnung sind, weiß sie auch ohne meinen Rüffel.*

Nach dem Joggen, als Sie geduscht und zu Abend gegessen haben, klingelt Ihr Telefon. Es ist Ihre Mutter, die Sie daran erinnert, dass Onkel Herbert am Samstag seinen runden Geburtstag feiert: »Du musst unbedingt vorbeischauen und gratulieren.« Vorsichtig erinnern Sie sie daran, dass Sie ein schlechtes Verhältnis zu Herbert haben und er Ihnen auch nie zum Geburtstag gratuliert. Außerdem haben Sie am Wochenende schon was vor. Ihre Mutter antwortet: »Jetzt sei doch nicht so kaltherzig! Du weißt doch, dass Onkel Herbert krank ist. Und diese halbe Stunde wirst du wohl noch übrig haben.« Wie reagieren Sie?

a) Ich sage ihr, dass ich es als Heuchelei empfände, bei Herberts Geburtstag aufzutauchen – und dass ich mein Wochenende wie geplant gestalten werde.
b) Ich will keinen Familienstreit provozieren und lasse mich auf einen kurzen Besuch bei Herbert ein (auch wenn ich ahne, dass ich mal wieder länger als geplant bleibe, weil ich nicht als Erste gehen und die Party stören will).

Zwei Stunden später fallen Sie müde ins Bett, und durch Ihren Kopf schleichen Fragen: Wie ist der heutige Tag eigentlich gelaufen? Habe ich mich gut um mich selbst gekümmert? Oder war ich mal wieder vor allem zu anderen nett? Die folgende Auswertung hilft Ihnen bei Ihrem Urteil.

Auswertung: So gefährlich ist Ihre Nettigkeit

Bitte gehen Sie das Kapitel noch einmal durch und zählen Sie zusammen, wie oft Sie sich für die Möglichkeit »a« entschieden haben. Hier die Auswertung:

10- bis 12-mal: Gesunde Nettigkeit

Ihre Nettigkeit hält sich in gesunden Grenzen. Sie verstehen es, Ihre eigenen Bedürfnisse wichtig zu nehmen und sie gegenüber anderen zu vertreten. Dabei ist es für Sie in Ordnung, dass Sie auch mal anecken.
Ihr Vorteil: Offenbar tun Sie sich leicht damit, Ihre eigenen Grenzen zu verteidigen und Klartext mit Ihren Mitmenschen zu reden. Dadurch gewinnen Sie Profil, agieren authentisch und beugen einer Überforderung vor.

8- bis 9-mal: Schwankende Nettigkeit

Wie nett Sie sind, hängt offenbar von der Situation und Ihrer Tagesform ab. Mal gelingt es Ihnen, sich gegenüber anderen zu behaupten. Und mal verlieren Sie Ihre eigenen Bedürfnisse aus dem Blick und machen es nur den anderen recht.
Ihr Vorteil: In etlichen Situationen ziehen Sie klare Grenzen. Aber wirklich oft genug? Überlegen Sie, wie sich diese Fähigkeit noch öfter nutzen lässt. Wenn Sie authentisch agieren, schützt das Ihre Integrität, und Sie gewinnen den Respekt Ihrer Mitmenschen.

4- bis 7-mal: Gefährliche Nettigkeit

Als auffallend netter Mensch neigen Sie dazu, andere wichtiger als sich selbst zu nehmen. Ihr Wunsch nach Harmonie geht so weit, dass Sie nur selten Konflikte riskieren. Dadurch laufen Sie

Gefahr, dass andere Sie übersehen oder nicht ernst genug nehmen. Und Ihre Interessen kommen leicht unter die Räder.
Ihr Vorteil: Sie verfügen über ein hohes Maß an Einfühlungsvermögen. Und manchmal schaffen Sie es bereits, Ihre Nettigkeit zu dosieren und Ihre persönlichen Grenzen zu verteidigen. Prüfen Sie, wie Ihnen das am leichtesten gelingt und was Sie dafür brauchen – und tun Sie es öfter!

1- bis 3-mal: **Schmerzhafte Nettigkeit**
Ihre Nettigkeit kennt keine Grenzen. Sie sind ein friedfertiger Mensch, der Konfrontationen meidet und es anderen fast immer recht macht. Aber während Sie alles dafür tun, Ihren Mitmenschen gerecht zu werden, bleiben Ihre eigenen Bedürfnisse zu oft auf der Strecke.
Ihr Vorteil: Sie beweisen jeden Tag, dass Sie die Wünsche von Mitmenschen lesen und erfüllen können. Wenn es Ihnen gelingt, diese Qualität auf Ihre eigenen Wünsche zu übertragen, wird Ihre Lebensqualität enorm steigen.

Das hindert Sie am Nein-Sagen

Sind Sie netter, als es gut für Sie ist? Wenn ja, woran liegt das? In der Beratung höre ich oft: »Ich bin einfach so«, »Das liegt in meiner Natur« oder »Ich müsste mich verbiegen, um anders zu sein«.

Das ist interessant: Die meisten Netten entscheiden sich nicht dafür, nett zu sein, sie sind es einfach. Nicht sie kontrollieren ihre Nettigkeit, sondern ihre Nettigkeit kontrolliert sie. Sie lächeln, sagen Ja, stecken zurück, sind zuvorkommend, helfen anderen, schmeißen den Laden und nehmen Entbehrungen hin, weil sie *scheinbar* nicht anders können.

Die wahren Gründe für gefährliche Nettigkeit liegen tiefer, und eine einzige Frage bringt Sie auf die richtige Spur: »Was würde passieren, wenn ich *nicht* nett wäre?« Gehen Sie gern Ihren fiktiven Tag durch, was würde passieren …

- wenn Sie Ihrem Nachbarn in klaren Worten sagen, dass Sie seinen nächtlichen Lärm nicht länger dulden?
- wenn Sie die Zusatzarbeit Ihres Chefs mit einem deutlichen Nein ablehnen?
- wenn Sie den Drängler an der Supermarktkasse auf seinen Rang verweisen?
- wenn Sie sich die Unpünktlichkeit Ihrer Freundin verbitten?
- wenn Sie gegenüber Ihrer Mutter darauf beharren, nicht zur Feier des Onkels zu gehen?

Jedes Mal, wenn Sie sich abgrenzen und Nein sagen, riskieren Sie einen Konflikt, eine »Auseinandersetzung«. Wörtlich genommen: Statt neben dem anderen zu sitzen, setzen Sie sich woanders hin. Und dieser Akt der Trennung bricht eine Urangst in Ihnen auf: »Ich mache mich unbeliebt!«

Der soziale Klebstoff, der Sie mit anderen verbindet, löst sich auf. Vielleicht malen Sie sich aus, Ihre Mitmenschen mögen Sie nicht mehr, lassen Sie links liegen, schließen Sie aus. Dann stehen Sie plötzlich ganz allein da.

Diese existenzielle Angst im Unbewussten hat zwei Wurzeln: Evolution und Kindheit.

Was taten Menschen in der Frühzeit, um zu überleben? Sie

bildeten kleine Horden. Nur in der Gemeinschaft gelang es ihnen, in der wilden Natur zu überleben. Geschützt war, wer zur Gruppe gehörte, dem Tod ausgeliefert, wer aus ihr verbannt wurde.[1]

So entstand in unserem Gehirn ein Frühwarnsystem, das sofort anspringt, wenn wir die Erwartungen anderer Menschen zu verletzen drohen: die Angst vor Ausgrenzung. Die Spiegelneuronen unseres Gehirns befähigen uns, die Gefühle anderer Menschen sensibel wahrzunehmen.[2] Und sobald Ihr Gesprächspartner Signale der Verärgerung sendet, etwa weil er seine Augen zusammenkneift oder seinen Ton abkühlt, springt in Ihrem Gehirn die evolutionäre Alarmanlage an: *Achtung, bring den anderen und die Gruppe nicht gegen dich auf. Sonst stehst du allein in der Savanne und musst jämmerlich sterben!*

Beobachten Sie Ihren Körper, er wird von dieser sozialen Angst sofort gepackt:

- Sie laufen rot an, wenn Ihnen etwas peinlich ist.
- Sie geraten ins Schwitzen, wenn Ihnen jemand Vorwürfe macht.
- Und Ihr Puls beschleunigt, wenn Sie daran denken, einen anderen Menschen zu enttäuschen.

Um diesen Stress zu vermeiden, ziehen nette Menschen es oft unbewusst vor, sich den Erwartungen anderer zu fügen:

- Wir erraten, was einer hören will, wenn er nach unserer Meinung fragt, und sagen genau das – nur um ihn nicht vor den Kopf zu stoßen.

- Wir erfüllen fremde Erwartungen, die uns nicht gefallen – nur um uns nicht zu blamieren oder unbeliebt zu machen.
- Wir lassen anderen ein Verhalten durchgehen, das uns befremdet – nur um niemanden zu brüskieren.
- Wir scheuen davor zurück, berechtigte Kritik zu üben – nur um die Harmonie zu wahren.

Die zweite Wurzel der Nettigkeit speist sich aus Ihrer Sozialisation. Als kleines Kind waren Sie abhängig von Ihren Eltern. Was Sie zum Leben brauchten, haben Sie nur von ihnen bekommen: Unterkunft, Nahrung, Sicherheit. Das Ende ihrer Zuwendung hätte das Ende Ihrer Existenz bedeuten können.[3]

Aber was konnten Sie als kleines Kind tun, um sich Ihre Eltern gewogen zu halten? Schließlich war es Ihnen unmöglich, eine vergleichbare Gegenleistung zu erbringen. Sie waren für die Eltern in diesem Alter weder ein Gesprächspartner auf Augenhöhe noch in der Lage, Ihrer Mutter mal einen Blumenstrauß als Anerkennung zu kaufen.

Nur eine Möglichkeit blieb Ihnen, sich die Eltern gewogen zu halten: ein braves Kind zu sein. Dazu mussten Sie spüren, was Ihre Eltern von Ihnen wollten, und ihnen genau dieses Verhalten schenken. Mehr hatten Sie nicht zu geben. Wenn es Ihnen als Kind gelungen ist, sich dem Willen Ihrer Eltern zu fügen, ihnen ein Lächeln auf ihre Gesichter zu zaubern, durften Sie mit Lob und Anerkennung rechnen.

Aber was geschah, wenn Sie von diesem Willen abwichen? Dann verfinsterten sich die Gesichter Ihrer Eltern, sie mahnten, rügten und waren unzufrieden. Dann fragten Sie sich als kleines Kind unbewusst: Bin ich es ihnen noch wert, dass sie mich am Leben halten? Oder habe ich es mir jetzt mit ihnen verscherzt?

Jede Erziehung ist eine Schule der Anpassung.[4] »Eigenwilligkeit«, sprich der eigene Wille des Kindes, ist in der frühen Kindheit unerwünscht. Das gilt sogar bei liebevollen Eltern, und es liegt in der Natur der Sache: Kleine Kinder »wollen« oft Dinge, die nicht wirklich gut für sie sind. Zum Beispiel zur Hauptverkehrszeit blindlings über eine Straße rennen. Oder mit dem feuchten Finger in eine Steckdose fassen.

Aus den frühen Jahren Ihrer Erziehung nahmen Sie die Botschaft mit: *Tu nicht, was* du *willst – sondern tu, was wir von dir wollen!* (siehe ab Seite 86). Das Gefühl, nicht in Ordnung zu sein, frisst sich in unser Gehirn und kann uns durchs ganze Leben begleiten – was uns anfällig für Fremdbestimmung und Regieanweisungen von außen macht.[5]

Stellen Sie sich Ihr Gehirn als Computer vor, auf dem die Programme Evolution und Sozialisation bis heute gespeichert sind. Und wann immer Sie Menschen begegnen, springt diese Software heimlich an. Obwohl Sie ein zivilisierter Mensch sind, agieren Sie wie ein Urmensch in der Savanne; obwohl Sie erwachsen sind, reagieren Sie wie ein Kleinkind. Zum Beispiel sind Sie »automatisch« nett, um sich beliebt zu machen – auch wenn Ihnen dieses Verhalten schadet.

Anderen zu helfen, um ihnen zu gefallen: Dieser Impuls kann fatale Folgen haben. Wer zum Beispiel im sozialen Bereich arbeitet, richtet das Licht seiner Aufmerksamkeit oft so sehr auf seine Klientel, dass er selbst im emotionalen Dunkel steht. Der Psychologe Wolfgang Schmidbauer prägte dafür den Begriff »Helfersyndrom«. Gemeint ist die »Unfähigkeit, eigene Gefühle und

Bedürfnisse zu äußern, verbunden mit einer scheinbar omnipotenten, unangreifbaren Fassade« – eine Nettigkeit bis zur Selbstverleugnung, die nicht selten in den Burnout führt.[6]

Der Weg aus der Nettigkeits-Falle liegt auf der Hand: Sie müssen vom Autopiloten auf Handsteuerung umschalten. Dieser Wechsel erfordert Achtsamkeit: Sie müssen Ihre Gedanken kontrollieren, statt von ihnen kontrolliert zu werden und nach alten Mustern zu handeln.[7] Dieses Buch hilft Ihnen, dass Sie Ihre eigenen Bedürfnisse mindestens so ernst nehmen wie die der anderen. Damit ist schon viel erreicht.

Warum keiner Nette mag

Alle netten Menschen tragen ein großes Herz in der Brust. Es schlägt nicht nur für sie selbst, sondern vor allem für andere. Bitte schätzen Sie ein, welche der fünf Dimensionen des Big-Five-Persönlichkeitsmodells bei Ihnen besonders ausgeprägt sind:[8]

- *Offenheit:* Sind Sie aufgeschlossen? Haben Sie Lust auf neue Erfahrungen? Fühlen Sie sich schnell gelangweilt? Sind Sie kreativ und einfallsreich?
- *Gewissenhaftigkeit:* Sind Sie organisiert und zuverlässig? Kann man sich auf Ihr Wort verlassen? Können Sie für langfristige Erfolge auf kurzfristige Belohnung verzichten?
- *Extraversion:* Ist Ihr Bedürfnis nach Stimulation von außen groß? Genießen Sie die Gesellschaft anderer, haben Sie viele Freunde, neigen Sie zu Optimismus?

- *Verträglichkeit:* Sind Sie herzlich und mitfühlend? Hören Sie gut zu? Setzen Sie sich für andere ein und passen Sie sich Ihrer Umwelt an?
- *Neurotizismus*: Schwanken Sie emotional? Sind Sie anfällig für Stress? Sorgen Sie sich oft und stecken in negativen Gedanken fest?

Viele Nette attestieren sich eine hohe Verträglichkeit, oft kombiniert mit Gewissenhaftigkeit. Im Wort »Vertragen« steckt: »tragen«. Soziale Menschen tragen nicht nur die Lasten des eigenen Lebens, sondern zugleich die Beschwernisse der anderen:

- Kann es sein, dass Sie Probleme Ihrer Mitmenschen auf die eigenen Schultern laden?
- Sind Sie jemand, der für andere mitdenkt, ihnen aushilft und sie auffängt, wenn sie in Not sind und schwanken?
- Und sind Sie gut darin, das Jammern und Klagen Ihrer Mitmenschen zu er-»tragen«, weil Sie sonst ein schlechtes Gewissen hätten?

Hohe Verträglichkeits-Werte sorgen dafür, dass Sie selten anecken, in Streit geraten oder andere vor den Kopf stoßen. Das ist gut so. Zugleich aber fällt es Ihnen schwer, sich durchzusetzen und Ihren Vorteil zu wahren.[9] Der Wunsch, in der Mitte des Schwarmes zu schwimmen, kann bis zum Selbstverrat führen.[10]

Jetzt könnten Sie sagen: Dafür macht mich mein Nettsein beliebt! Stimmt das wirklich? Gehen wir zurück in Ihren fiktiven Tag:

- Weiß Ihr Nachbar es zu schätzen, wenn Sie ihm seine Ruhestörung kleinlaut verzeihen? Eher leitet er daraus das Recht ab, seine kleine Nachtmusik bald wieder dröhnen zu lassen. Weil Sie keine klare Grenze ziehen, geht er mit seiner Rücksichtslosigkeit noch einen Schritt weiter.
- Steigen Sie im Ansehen Ihrer Arbeitskollegin, weil Sie ihr immer ein offenes Ohr schenken? Eher hält sie das für selbstverständlich, versteht es als Signal, dass Sie ihre Geschichten spannend finden und mehr davon hören wollen.
- Machen Sie sich bei Ihrem Chef beliebt, indem Sie für ihn die Kohlen aus dem Feuer holen? Eher verliert er den Respekt vor Ihnen, nutzt Sie aus und hat Ihre besonderen Leistungen bei der nächsten Gehaltsverhandlung bereits wieder vergessen.

Eine Untersuchung der Washington State University ist der Frage nachgegangen, wie beliebt nette Menschen in Gruppen sind.[11] Das Ergebnis ist niederschmetternd: Die Netten rangieren weit unten. Wenn Sie versuchen, sich durch Nettigkeit in der Mitte einer Gruppe zu verankern, rutschen Sie an den Rand. Woran das liegt? Die Studie liefert drei Erklärungen:

1. Die anderen haben das Gefühl, dass sie selbst im Vergleich zu Netten schlecht dastehen.

Wenn beim Meeting niemand das Protokoll schreiben will, Sie aber den Finger heben, dann fühlen sich die weniger Netten von Ihnen moralisch deklassiert. So wie ein Fünfer-Schüler neben dem Klassenstreber dümmer wirkt als unter seinesgleichen.

Nun könnten Sie einwenden, dass Sie der Gruppe doch einen Gefallen tun. Aber so rational sehen die anderen das nicht.

Durch Ihr leuchtendes Beispiel fühlen sie sich in den Schatten gestellt und unter Zugzwang gesetzt. Wäre ja noch schöner, wenn der Chef demnächst auch von ihnen erwartet, das Protokoll ebenfalls freiwillig zu schreiben, nur weil Sie es getan haben!

2. Die anderen empfinden Nettigkeit als Regelbruch.

Nehmen wir an, im Supermarkt beobachtet jemand aus der Kassenschlange nebenan, wie Sie den jungen Mann beim Drängeln gewähren lassen. Jetzt könnte er über Sie denken: »Was für ein großzügiger Mensch!« Eher aber denkt er: »Wo kommen wir hin, wenn Drängeln belohnt wird? Demnächst überholt dieser Drängler mich und beruft sich darauf, dass andere das auch zulassen.« Offenbar haben Sie gegen die ungeschriebene Regel verstoßen, dass Drängler bestraft werden müssen. Durch dieses Verhalten machen Sie sich ebenso beliebt wie ein Streikbrecher, der mit großen Schritten zur Arbeit marschiert, während seine Kollegen mit Trillerpfeifen vorm Werkstor sitzen.

3. Die anderen misstrauen den Motiven der Netten.

Statt davon auszugehen, dass Sie aus reinem Herzen nett sind, fragen sich die weniger Netten: Welche (egoistische) Absicht verfolgen Sie mit Ihrem Verhalten? Was wollen Sie damit erreichen, worauf sind Sie scharf? Dabei kommt es zu Deutungen, die nicht schmeichelhaft sind.

Natürlich schreiben Sie das Protokoll *nicht,* um eine reibungslose Sitzung zu ermöglichen oder um den anderen einen Gefallen zu tun. Nein, Sie schleimen sich bei Ihrem Chef ein, spekulieren auf eine Vitamin-B-Beförderung, wollen Ihre Kollegen als Faulpelze bloßstellen oder hegen den fiesen Plan, heimlich Ihren eigenen Standpunkt als »Mehrheitsmeinung« ins Protokoll zu schmuggeln.

Wie ein Maler nur Farben verwenden kann, die seine eigene Palette enthält, so finden die meisten Menschen für das Handeln anderer nur Erklärungen, die ihrem eigenen Wertesystem entsprechen; in der Psychologie spricht man von einer »Projektion«. Weniger nette Menschen unterstellen Ihnen weniger nette Motive, weil sie selbst nie auf die Idee kämen, etwas nur aus Nettigkeit zu tun.

Durch Ihre Nettigkeit tappen Sie in eine Falle, die als Intoleranz der Ambiguität, sprich Mehrdeutigkeit, bekannt ist:[12] Sie lassen einen Interpretationsspielraum, dadurch werden Sie zur Leinwand, auf die andere ihre eigenen Charaktermängel projizieren.

Hinzu kommt das Resonanzgesetz: Wer nett agiert aus Angst, sich sonst unbeliebt zu machen, zieht an, was er fürchtet: Unbeliebtheit.[13] Denn je mehr seine Mitmenschen das Gefühl haben, ihn nett finden zu *sollen,* desto weniger tun sie es.

Und doch gibt es eine Ausnahme: Nette Menschen werden von denen gemocht, die ihre Werte teilen, also auch nette Menschen sind. Wenn sich zwei Nette begegnen, überbieten sie sich in Freundlichkeit. Zum Beispiel laufen beide auf eine Tür zu, aber jeder besteht darauf, dass der andere zuerst hindurchgeht. Ebenso habe ich schon erlebt, dass zwei nette Teammitglieder bei einer Sitzung die Leistung des jeweils anderen über ihre eigene stellten. Der Dialog zwischen zwei hochqualifizierten Mitarbeiterinnen eines Biotechnologie-Unternehmens klang so:

»Tanja, dein Gespräch mit dem Kunden hat uns den entscheidenden Schub gebracht. Das war großartig.«

»Nun übertreib doch nicht so. Ich habe gar nichts geleistet, nur zehn Minuten telefoniert. Aber deine Idee für den neuen Wirkstoff, das hat uns wirklich vorangebracht.«

»Meine Idee? Das habe ich doch bloß der Literatur entnommen. Aber du hast den Gedanken ins Team transportiert.«

»Du bist einfach zu bescheiden. Das war nicht mein Verdienst, sondern du hast …«

Interessant an solchen Dialogen: Jeder räumt dem anderen ein, was er sich selbst versagt: den Vortritt, ob an der Tür oder in der öffentlichen Anerkennung.

Doch der Alltag ist kein Ponyhof, deshalb haben Sie es weitaus häufiger mit weniger netten Charakteren zu tun. Und jedes harmlose Schaf zieht Wölfe an:

- Wenn Sie dafür bekannt sind, dass Sie anderen den Vortritt lassen, locken Sie Menschen an, die Sie gnadenlos beiseiterempeln.
- Wenn Sie dafür bekannt sind, Ihren Anteil an Arbeiten herunterzuspielen, nutzt das ein anderer, um seinen Anteil zu übertreiben.
- Wenn Sie dafür bekannt sind, dass Sie nicht Nein sagen können, ziehen Sie andere an, die Sie mit ständigen und unanständigen Bitten ausnutzen.

Nett sein ist ein gefährliches Hobby. Und nicht jeder kann es sich leisten. Lassen Sie uns über den Preis reden.

Der Tag, an dem ich fast verblutet wäre

Der Tag, an dem ich aus Nettigkeit fast verblutet wäre, liegt 15 Jahre zurück. Drei Fehler besiegelten mein Unglück, den ersten beging ich vormittags. Eigentlich hatte ich im Urlaub keine geschäftlichen Mails lesen wollen, aber nun sprang mich die Betreff-Zeile an: »Brauche dringend Ihren Rat!« Meine Klientin Anne Eiger[14] schrieb, dass sie überraschend ein Jobangebot erhalten hatte und sich zeitnah entscheiden müsste. Sie bat »rasch« um ein Beratungstelefonat.

Ich wusste, dass Frau Eiger große Stücke auf mich hielt. Ich konnte, ich durfte sie nicht hängenlassen. Ein Telefonat von einer Stunde war auch im Urlaub locker drin. Also verabredete ich mich mit ihr für 16 Uhr.

Der zweite Fehler passierte mir eineinhalb Stunden vor dem Termin: Beim Abwaschen zerbrach ich einen Kuchenteller in meiner Hand. Noch ehe ich den Schmerz spürte, färbte sich das Abwaschwasser rot. Ich riss die Hand heraus und sprang zum Verbandskasten. Blut schoss aus einer tiefen Schnittwunde meines rechten Zeigefingers. Pflaster wurden fast weggespült. Eine Mullbinde saugte sich in Nullkommanichts dunkelrot, ebenso mehrere Taschentücher.

»Du musst zum Arzt!«, dachte ich mir. Doch eine innere Stimme antwortete: »Du kannst Frau Eiger nicht im Regen stehen lassen. Kümmere dich später um die Verletzung!«

Diese Entscheidung war der dritte Fehler des Tages, und das Schicksal wies mich ironisch darauf hin. Denn um 16 Uhr – um meinen Finger war ein weißes Geschirrtuch gewickelt, mittlerweile blutrot – wartete ich vergeblich auf den Anruf. Um 16.30 Uhr sah ich: Frau Eiger hatte gemailt, ihrer kleinen Tochter sei speiübel – ob wir uns auf morgen vertagen könnten? Plötzlich schien ihr Anliegen nicht mehr ganz so eilig.

Der Handchirurg im Krankenhaus schüttelte den Kopf über mich: »Vor drei Stunden? Warum kommen Sie erst jetzt? Sie sind schon total bleich. Sie hätten verbluten können!« Mit etlichen Stichen nähte er die Wunde. Zur Beobachtung musste ich noch ein paar Stunden bleiben. Erst gegen Mitternacht war ich wieder zu Hause. Bis heute weiß Frau Eiger nichts von meinem Unfall. Ich wollte ihr kein schlechtes Gefühl vermitteln; sie konnte ja nichts für meine Dummheit. Doch heimlich ärgerte ich mich über ihre kurzfristige und lapidare Absage.

Folgende Prinzipien, die ich bei vielen netten Menschen beobachte, hatten mich geleitet:

1. *Ich helfe, wo ich kann.*
   Ich sah mich sofort in der Verantwortung, einem Mitmenschen zu helfen. Frau Eigers Anfrage nahm ich als »Hilferuf« wahr, mich als rettenden Engel, der unter allen Umständen losfliegen musste.
2. *Andere Menschen haben Vorfahrt.*
   Ich stellte meine eigenen Bedürfnisse zurück, um es einem anderen recht zu machen. Dafür unterbrach ich meinen Urlaub. Und dafür riskierte ich, die Behandlung meiner Schnittwunde aufzuschieben.
3. *Mein Opfer soll gewürdigt werden.*
   Ich war enttäuscht, als sie nicht in derselben Münze zurückzahlte. Statt meinen Einsatz zu würdigen, sagte sie den Termin

ab, das stieß mich vor den Kopf. Dabei hatte sie nur vernünftiger als ich gehandelt.

4. *Ich darf nicht viel Aufheben um mich machen.*
   Ich verhielt mich unecht beim nächsten Gespräch, denn ich verschwieg meinen Unfall. Ich wollte sie »nicht behelligen«, ihr kein schlechtes Gewissen machen und nicht zu viel Raum für mich persönlich einnehmen.

In den letzten 15 Jahren ist es mir Schritt für Schritt gelungen, meine Nettigkeit auf ein vernünftigeres Maß zu regulieren. Doch in zahlreichen meiner Klienten erkenne ich mein früheres Verhalten wieder. Hier fünf Beispiele aus den letzten Monaten:

- Lars Müller (33) spekuliert darauf, befördert zu werden. Doch in einem Vier-Augen-Gespräch erklärt ihm sein Vorgesetzter: »Sie sind ein netter Kerl. Aber in dieser Position müssen Sie auch mal Ellenbogen zeigen. Das sehe ich in Ihnen nicht.«
- Die Projektleiterin Lisa Hartmann (41) erzählt, ihr Mann habe sie »völlig überraschend« verlassen – worauf sie ihm vorwarf: »Ich habe mich doch immer nach dir gerichtet!« Seine Antwort: »Genau daran scheitert es ja: Du hast dein Leben für meines aufgegeben.« Er entschied sich für eine andere, die selbstbewusster wirkte.
- Sandra Bertram (24) berichtet: »Neulich rennt in der Fußgängerzone ein Mann in mich hinein. Und was sage ich? ›Entschuldigen Sie!‹ Dass *ich* mich entschuldige, obwohl ich selbst die Leidtragende bin, ist typisch für mich. Danach fühle ich mich doppelt schlecht.«

- Nina König (54) berichtet, dass ihr Chef sie ausnutzt: »Ungeliebte Arbeiten lädt er auf meinem Tisch ab, oft kurz vor Feierabend: ›Auf Sie kann ich mich verlassen, Frau König.‹ Und ich dumme Kuh antworte: ›Klar, das kriege ich noch hin.‹ Dabei läuft meine Work-Life-Balance total aus dem Ruder. Aber ihn zu enttäuschen, das bringe ich einfach nicht fertig.«
- Volker Niebel (39), ein mittlerer Manager, kommt in die Beratung, weil ihm seine Mitarbeiter »auf der Nase herumtanzen«. Mir fällt auf, dass er sich immer wieder mit schmerzverzerrtem Gesicht an den Rücken fasst. Auf meine Nachfrage erzählt er: »Ich habe mich im ICE verhoben. Ich leide seit Jahren unter Rückenproblemen. Meinen eigenen Koffer hatte ich unter einen Sitz gerollt. Aber als ich sah, dass eine schmächtige Frau einen großen Koffer ins Gepäckfach wuchten wollte, musste ich ihr einfach helfen. Dabei ist es passiert.«

Damit wir uns richtig verstehen: In diesem Buch will ich Sie *nicht* dazu anstiften, künftig als Egoist durchs Leben zu rumpeln. Dass unser gesellschaftliches Klima abkühlt, ist kein Grund, selbst eiskalt zu agieren – wir brauchen mehr Wärme und Zuwendung. Dass Narzissten durchmarschieren, rechtfertigt es nicht, selbst narzisstisch zu handeln – wir brauchen mehr Solidarität. Und dass immer mehr Menschen ihren Erfolg mit harten Ellenbogen suchen, rechtfertigt es nicht, die eigenen Ellenbogen zur Waffe zu machen – wir brauchen mehr Miteinander und weniger Konkurrenzdenken.

Und gerade deshalb dürfen Sie als netter Mensch den Ellenbogentypen nicht länger den Vortritt lassen! Das sind Sie nicht nur sich, sondern der ganzen Gesellschaft schuldig. Denn mit jedem

Schritt, den Sie zurückweichen, kann ein Egomane weiter vorwärtskommen. Mit jedem Einspruch, den Sie sich verkneifen, kann sich ein unqualifizierter Standpunkt weiter durchsetzen. Mit jedem Mal, da Sie sich unsichtbar machen, kann ein Selbstdarsteller mehr Sichtbarkeit erlangen.

Das Ellenbogen-Denken ist im Vormarsch. Eine Studie der Universität von Michigan hat ergeben, dass College-Studenten heute um 40 Prozent weniger einfühlend sind als vor 30 Jahren. Als Gründe vermuten die Forscher eine Abstumpfung durch die sozialen Netzwerke, das Reality-TV und den täglichen Konkurrenzkampf.[15]

Weichen Sie nicht länger zurück! Stellen Sie sich den Ellenbogen mutig entgegen. Jeder Meter, den Sie gewinnen, dient nicht nur Ihnen, sondern auch dem zwischenmenschlichen Klima. Weil Sie als netter Mensch mehr Sichtbarkeit und Macht erlangen – statt sie kampflos an weniger Nette abzutreten.

Sitzen Sie im Gefängnis Ihrer Nettigkeit?

Was bringt Sie dazu, sich uneigennützig zu verhalten? Warum lassen Sie einen Autofahrer aus einer Seitenstraße bei dichtem Verkehr vor sich einbiegen, obwohl Sie Vorfahrt hätten und womöglich in Eile sind? Die Sozialpsychologie kennt mehrere Formen der Uneigennützigkeit:[16]

- den *moralischen Altruismus,* der sich an Prinzipien orientiert – Sie lassen den Autofahrer einscheren, weil Sie meinen, das gehört sich so (»Reißverschluss-Verfahren«).

- den *Sympathie-Altruismus* – Sie winken ihn in Ihre Spur, weil Sie Mitleid mit ihm haben oder ihm auf Anhieb zugeneigt sind. Sie entscheiden subjektiv, je nach Zu- oder Abneigung.
- den *rationalen Altruismus* – Sie lassen ihn einscheren, weil Sie kalkulieren, bei nächster Gelegenheit einen ähnlichen Vorteil selbst zu ergattern. Sie wägen Vor- und Nachteile gegeneinander ab.

Der moralische Altruismus ist ein zweischneidiges Schwert. Zwar braucht es Normen, damit eine Gesellschaft funktioniert. Aber mit jeder (heimlichen) Regel, der Sie sich unterworfen fühlen, schwindet Ihre Handlungsfreiheit. Dann sitzen Sie hinter den Gitterstäben Ihrer Nettigkeit wie in einem Gefängnis und können aus diesem Verhalten nicht ausbrechen. Das zieht Menschen an, die sich an diese Normen weniger halten und Sie ausnutzen. Zum Beispiel weisen Studien nach, dass Nette öfter Geldprobleme haben.[17]

- Mal zahlen sie die Zeche für andere mit.
- Mal verleihen sie Geld, das sie nicht zurückbekommen.
- Mal lassen sie sich in der Gehaltsverhandlung über den Tisch ziehen.

Ein Altruismus, mit dem Sie besser fahren, beruht auf Ihrer freien Entscheidung: Sie sind sozial und nett, weil Sie sozial und nett sein *wollen.* Das versetzt Sie in die Lage, in jeder Situation aus der Palette Ihrer Verhaltensmöglichkeiten die stimmigste zu wählen. Zum Beispiel entscheiden Sie sich bei einer geschäftlichen Verhandlung dafür, Ihre Nettigkeit zu reduzieren, damit

Sie nicht unterschätzt werden. Dagegen zahlen Sie gegenüber einer empathischen Freundin bewusst in derselben Münze zurück: empathisch und nett.

Ein Grundsatz des italienischen Ökonomen Vilfredo Pareto kann Ihnen als Leitschnur dienen: Handeln Sie so, dass es dadurch mindestens einem der Beteiligten besser und keinem schlechter geht.[18] Der Pareto-Altruismus lässt keine Verlierer, aber Gewinner zu – eine lebenskluge Maxime, die für nachhaltige Beziehungen sorgt.

Ihre Nettigkeit sollte wie eine Taube sein, die stets in ihren eigenen Schlag zurückkehrt. Zum Beispiel verleihen Sie einem sehr zuverlässigen Freund Geld und helfen ihm aus einer Notlage. Er schenkt Ihnen seinen aufrichtigen Dank, zahlt das Geld bei erster Gelegenheit zurück und lädt Sie feierlich zum Essen ein. Hier profitieren Sie beide: Ihr Freund bekommt seinen Engpass überbrückt. Und Sie tun etwas Gutes, ohne dabei finanziell oder emotional draufzulegen.

Amerikanische Studien weisen darauf hin, dass wohltätiges Engagement Ihr Leben verlängern kann. Die Sterblichkeit armer alter Menschen, die andere unterstützten, lag um 60 Prozent niedriger als bei anderen im gleichen Gesundheitszustand, die das nicht taten.[19]

Gefährlich aber ist eine Nettigkeit, die *nur* dem Empfänger dient, Ihnen aber schadet. Zum Beispiel pumpt Sie ein Kollege an. Schon in der Vergangenheit ist er Ihnen Geld schuldig geblieben. Nun sagt er zu Ihnen: »Du hast mich schon ein paar Mal gerettet und glaubst gar nicht, wie dankbar ich dir dafür bin. Und dieses eine Mal noch musst du mir helfen – ich brauche nur 50 Euro. Du bekommst das Geld nächste Woche wieder.«

Vermutlich werden Sie großen Widerwillen verspüren. Aber weil Sie ein netter Mensch sind, flüstert eine innere Stimme: »Nun sei nicht so! Du hast das Geld doch. Und du hörst ja, wie dankbar er ist. Vielleicht braucht er das Geld, um seine Stromrechnung zu bezahlen, und sitzt ohne deine Hilfe im Dunkeln.«

Angenommen Sie geben ihm das Geld. Wie wird er sich fühlen, wenn er Ihr Büro verlässt? Gut und erleichtert. Aber wie fühlen Sie sich? Miserabel! Hier geht der Pareto-Altruismus nicht auf: Sie fühlen sich nach dem Deal definitiv schlechter!

Zumal Sie ahnen, dass der Kollege Sie gezielt ausnutzt. In ihrem Buch »Verbotene Rhetorik« empfiehlt Gloria Beck die »Mitleidtechnik«. Als »Zielperson« nennt sie empathische Menschen. Der Leser bekommt Tipps, wie er eine »fingierte Notlage präsentieren« und den Mitfühlenden, »Opfer« genannt, rühren und manipulieren kann.

Die Kurzanleitung lautet so: »Sie schildern eine Notlage. Daraufhin erlebt die mitfühlende Person eine unangenehm empathische Reaktion. Anschließend bietet sie ihre Hilfe an, um Schuldgefühle zu vermeiden, die eintreten würden, wenn sie es nicht täte. Sie nehmen an. So simpel ist das.«[20]

Fallen Sie nicht auf solches Schmierentheater rein! Fragen Sie sich jedes Mal, ehe Sie jemandem einen Gefallen tun, ob es *Ihnen* guttut – auch auf mittlere und längere Sicht. Werden Sie mit Ihrer Entscheidung einverstanden sein, wenn Sie in einer Woche, in einem Monat oder in einem Jahr darauf zurückschauen?

Einseitige Nettigkeit leert Ihre Lebensbatterie, und der Funkkontakt zu Ihren Bedürfnissen reißt ab. Unterdrückter Widerspruch schadet Ihnen selbst: Statt Ihre Bedürfnisse zu artikulieren, die Beziehung zu klären und sich durch ein nötiges Maß an

Aggression vor Überforderung zu schützen, flüchten Sie in ein kindliches Schon-Verhalten.[21]

Gesunde Aggression, die Sie unterdrücken, schlägt um in Autoaggression.[22] Dann rauben Ihnen Selbstzweifel den Antrieb, Ängste erfassen Sie, und eine Depression kann ihren finsteren Schlund aufreißen. Wenn Sie freundlich nach außen sind, ohne es wirklich zu meinen, sind Sie unfreundlich nach innen. Und mit jedem Schritt, den Sie widerwillig auf einen anderen zugehen, entfernen Sie sich von Ihrem Wesenskern. Dann führen Sie ein Leben mit geballter Faust in der Tasche – ein hartes Leben, das im Burnout enden kann.

Darum haben's Nette heute schwerer

Die Gefahr für nette Menschen, unter die Räder zu kommen, ist heute größer als je zuvor. Das Geländer der Traditionen ist weggebrochen; Ihr Leben besteht aus einer Summe von Entscheidungen, die Sie selber fällen müssen. Wenn Sie sich dabei zu sehr an den Bedürfnissen anderer orientieren, geraten Sie auf Abwege.

Früher war das noch anders, wie das Beispiel meiner Großeltern zeigt. Maria und Wilhelm wurden um 1895 im Schwarzwald geboren. Liefen sie Gefahr, den falschen Beruf zu wählen? Nein, beide kamen in Bauernfamilien zur Welt, deshalb stand fest: Sie mussten Landwirte werden. Liefen sie Gefahr, den falschen Partner zu wählen? Nein, ihre Väter besaßen ähnlich große Höfe und verheirateten Maria und Wilhelm miteinander. Liefen sie Gefahr, sich bei der Familienplanung falsch zu entscheiden? Nein, Verhütung war unbekannt oder kirchlich verboten, also keine Option. Sie bekamen neun Kinder, mein Vater war einer der Jüngsten.

Statt über ihr Leben zu bestimmen, bestimmte ihr Leben über sie. Sie betrieben einen eigenen Hof, wie von ihren Eltern vorgesehen. Dort lebten sie in einem Rhythmus, den ihnen die Tages- und Jahreszeiten vorgaben. Wann die Kühe zu melken waren, die Hühner zu füttern, das Heu zu machen oder ein Feld abzuernten, das entschieden sie nicht selbst; das gab ihnen die Natur vor.

Ihr Leben wurde von den Erfordernissen des Bauernhofes gelenkt. Maria und Wilhelm nahmen keine Einladungen an, erfüllten keine Sonderwünsche der Kinder oder halfen nicht auf den Feldern der Nachbarn mit, solange der eigene Hof nicht versorgt, die eigene Ernte nicht eingefahren war. So hielten es die Nachbarbauern auch. Zu viel Nettigkeit an der falschen Stelle hätte ihre Existenz gefährdet. Das Abgrenzen fiel ihnen leicht, denn sie konnten sich festhalten an einem Geländer aus Traditionen, Regeln und Pflichten.

Dieses Geländer ist in den letzten Jahrzehnten weggebrochen. Die Menschen haben keinen festen Platz mehr, wie in traditionellen Gesellschaften, sondern müssen ihn sich mit Selbstvertrauen erkämpfen.[23] Seither ist jeder seines eigenen Glückes Schmied, und die Nettigkeit gerät zum Wettbewerbsnachteil. Folgende Veränderungen sind prägend:

- Die Bedeutung der Kirchen schwindet, kaum jemand lässt sich sein Leben noch von der Religion diktieren.
  Folge: Jeder folgt eigenen Geboten und definiert selbst, wo seine moralischen Rechte enden und die des anderen anfan-

gen. Nette laufen Gefahr, von weniger Netten übervorteilt zu werden.

- Die Bedeutung der Gewerkschaften schwindet, immer mehr Beschäftigte müssen Gehalt und Arbeitsbedingungen selbst verhandeln.
  Folge: Wer seine Rechte nicht selbstbewusst vertritt, wird im Gehaltsrennen abgehängt.
- Die Bedeutung der Benimm-Regeln schwindet. Viele jüngere Leute halten »Knigge« für eine Cornflakes-Sorte.
  Folge: Wer sich kniggegerecht für jede Kleinigkeit entschuldigt, muss damit rechnen, dass sein Verhalten als Zeichen der Schwäche gedeutet und ausgenutzt wird.
- Der gesellschaftliche Konsens schwindet. Viele Wahrheiten, die ewig galten, stehen zur Diskussion – heute sogar, ob es neben Mann und Frau ein drittes Geschlecht gibt.
  Folge: Wer seine Standpunkte und Rechte in diesem Konzert der Meinungen nicht bestimmt genug vertritt, gerät schnell ins Hintertreffen – sogar dann, wenn seine Meinung objektiv betrachtet die klügste ist.
- Die Bedeutung der dörflichen Gemeinschaft schwindet, da immer mehr Menschen in die Städte ziehen. Während im Dorf der Status eines Menschen durch seine familiäre Tradition gesichert war, wird dieser Rang heute täglich neu verhandelt, sobald wir auf fremde Menschen treffen.
  Folge: Wer es in den ersten Momenten einer Begegnung versäumt, Rückgrat zu zeigen, wird von anderen schnell unterschätzt, unterworfen und ausgenutzt.

Moderne Menschen müssen sich pausenlos behaupten. Die größte Stärke der Netten, sich in andere einzufühlen, beschwört zugleich die größte Gefahr herauf: dass sie sich an den Bedürfnissen der anderen orientieren statt an ihren eigenen.

Viele junge Menschen ergreifen einen Beruf, um es ihren Eltern recht zu machen. Dann wird die nette Tochter eben nicht Künstlerin, wie erträumt, sondern Beamtin im gehobenen Dienst – weil die Eltern ihr das als »sichersten Weg« eingeredet haben. Wer es einmal verpasst, an wichtigen Kreuzungen Nein zu sagen, muss sein Leben lang die Folgen tragen.

Das gilt sogar bei der Familienplanung. Zum Beispiel erinnere ich mich an die Industriekauffrau Petra Dreier (44), die sagte: »Vier Kinder sind für ein Berufsleben einfach zu viel. Wenn es nach mir gegangen wäre, hätten wir nur zwei bekommen.«

»Dann wollte Ihr Mann mehr Kinder als Sie?«, fragte ich.

»Bei meinem Mann bin ich mir da nicht so sicher.«

»Wer denn sonst?«, fragte ich verwirrt.

Und nun erzählte sie mir, dass sie selbst in einer sechsköpfigen Familie groß geworden sei. Und dass ihre geliebte Mutter sich immer »mindestens vier Enkel« von Herzen gewünscht habe. »Mir war der Zusammenhang damals nicht klar, aber heute bin ich sicher: Ich wollte sie nicht enttäuschen. Das war der Hauptgrund für die vier Kinder.«

Wer sein Leben nicht festhält, kann es heute rasch verlieren. Dann tritt er die Regie an andere ab. Und sein Dasein gerät zum falschen Film.

Der Fluch der feinen Antennen

Nette Menschen verfügen über feine Antennen: Sie spüren, was andere von ihnen erwarten. Und weil sie andere nicht enttäuschen wollen, enttäuschen sie lieber sich selbst:

- Bei der Arbeit lassen sie den Kollegen den Vortritt, wenn eine spannende Dienstreise ansteht oder der Jahresurlaub zu vergeben ist – nur keinen Ärger verursachen!
- In der Partnerschaft üben sie Verzicht, damit sich der geliebte Mensch verwirklichen kann – nur nicht egoistisch sein!
- In der Erziehung erfüllen sie ihren Kindern jeden Wunsch, auch wenn der Preis dafür (zu) hoch ist – nur die Kinder nicht vor den Kopf stoßen!
- Im Umgang mit anderen bleiben sie höflich, auch wenn sie angegangen oder überfordert werden – nur keinen Streit provozieren.
- Und gerade nette Frauen neigen dazu, ihrem Partner schädliches Verhalten nicht nur zu verzeihen, sondern seine brüchige Welt retten zu wollen – etwa als ewige »Krankenschwester« eines Alkoholikers.[24]

Die Fähigkeit, sich in einen anderen hineinzuversetzen, birgt zugleich das Risiko, sich selbst zu verlieren. Frauen sind gefährdeter als Männer, da sie die Gefühle ihrer Mitmenschen besser entschlüsseln. In einer Harvard-Studie wurden den Teilnehmern Videosequenzen von aufgewühlten Menschen gezeigt, etwa nach einem Lottogewinn oder einer Todesbotschaft, mit verschlüsseltem Ton. Es galt, die Mimik und Körpersprache zu deuten. Frauen waren im Schnitt 80 Prozent besser darin, die Emotionen einer Person zu erahnen.[25]

Aber auch nette Männer leben gefährlich. Hat es nicht jeder schon erlebt, von seiner Traumfrau als »netter Kumpel-Typ« unterschätzt zu werden? Und dann kam ihm womöglich ein Macho zuvor, der gerade, weil er *nicht* freundlich war, »männlich und attraktiv« rüberkam. Es gibt sogar Nette, die sich von ihrer Partnerin aus lauter Bescheidenheit zurückziehen, wie die Journalistin Annekatrin Looss an einem selbst erlebten Beispiel beschreibt. Der Mann, der sie zuvor mit Briefchen, Kaffeekochen um 5 Uhr und Liebesgedichten verwöhnt hatte, sagte zum Abschied: »Du verlässt mich sowieso bald für einen Besseren.«[26] Und tschüs!

Nette Menschen üben eine Tugend, die viel gepriesen, aber wenig belohnt wird: Selbstlosigkeit. Nehmen Sie den Begriff einmal wörtlich: Um »selbstlos« zu sein, müssen Sie Ihr Selbst loswerden, wie einen Ballast. Aber wer sein Innerstes aufgibt, verliert an Außenwirkung:

- Wenn Sie Ihre eigenen Bedürfnisse übersehen, werden diese auch von den anderen übersehen.
- Wenn Sie sich selbst nicht so wichtig nehmen, werden Sie auch von den anderen nicht so wichtig genommen.
- Wenn Sie bei ernsten Themen lächeln, werden Sie von anderen nicht ernst genommen, sondern belächelt.
- Wenn Sie selbst Ihre Nettigkeit für selbstverständlich halten, wird sie auch von anderen für selbstverständlich gehalten – als Geschenk, das keiner Erwiderung bedarf.

Wer die Selbstlosigkeit übertreibt, endet in der Selbstaufgabe. Das ist fatal, zumal die sozialen Medien unserem Alltag den Charakter eines Wettbewerbs verleihen: Daumen hoch oder Daumen runter? Früher speiste sich der Selbstwert von innen, heute geht er aus Vergleichen hervor: Wer hat mehr Follower bei Twitter, mehr Freunde bei Facebook, mehr Klicks bei Instagram, mehr Erfolg im Beruf, das größere Haus, den schöneren Partner, das vollere Bankkonto?

Die Maßstäbe liegen in der Außenwelt. Man will nicht erfolgreich sein, sondern erfolgreicher als andere, nicht klug, sondern klüger, nicht reich, sondern reicher. Die Nase vorn hat nur, wer andere abhängt. Diese Mentalität greift mehr und mehr um sich, und hier wird es dramatisch für die Netten:

- Welcher Bewerber setzt sich durch – der netteste? Oder einer, der sich als durchsetzungsstark und kompetent darstellt?
- Welcher Lebens- oder Ehepartner verwirklich sich mehr – der nettere? Oder derjenige, der als Anwalt seiner eigenen Rechte auftritt?
- Wer handelt beim Autokauf den faireren Preis aus: der nette Käufer? Oder derjenige, der knallhart verhandelt?

Aber ist es denn kein guter Charakterzug, sich selbst nicht so wichtig zu nehmen? Ist es nicht eine gute Idee, sich aus dem Rattenrennen um Erfolg und Karriere auszuklinken? Sind nette Menschen, die scheinbaren Verlierer, in Wirklichkeit die Sieger der Herzen?

Ich weiß aus zahllosen Beratungsgesprächen: Wenn Sie bei Beförderungen übergangen, bei Gehaltserhöhungen benachteiligt und bei Freundschaftsdiensten übervorteilt werden, dann tut Ihnen das definitiv nicht gut. Wer gibt, will etwas zurückbekommen. Wer sich einsetzt, will belohnt werden. Ohne ein solches Echo wächst der Frust.

In seiner Philosophie der Einmaligkeit unterscheidet Friedrich Nietzsche zwei Arten von Menschen:[27] Die einen passen sich an, opfern ihre Individualität und laufen unter ihren Möglichkeiten. Sie klammern sich am Geländer der Normen fest, erfüllen fremde Anforderungen und schielen auf Mitmenschen, um sich zu vergleichen.

Die anderen aber, die Einmaligen, kämpfen für ihre Wünsche. Sie behaupten ihre Individualität und vergleichen sich nicht mit anderen – da Einmaliges nie vergleichbar ist –, sondern nur mit sich selbst: Was mache ich heute besser als gestern? Sie entwickeln sich täglich weiter, gemäß dem Leitspruch Nietzsches: »Werde, der du bist!«[28]

Erst wenn Sie als netter Mensch den Mut finden, die Straße der Anpassung zu verlassen, können Sie den erfüllenden Pfad Ihrer Individualität einschlagen – und Ihre Einmaligkeit mit Leben füllen.

Wie gefährlich ist Ihr Selbstbild?

Was müssen Sie tun, damit andere Sie anerkennen, ob im Beruf oder im Privatleben? Auf diese Frage sagen nette Menschen oft:

- Ich bin ein guter Arbeitskollege, wenn ich für die anderen einspringe und sie nach Kräften unterstütze.

- Ich bin ein guter Lebenspartner, wenn ich alles für den anderen gebe.
- Ich bin ein guter Mensch, wenn ich anderen helfe.

Diese Sätze klingen sozial, aber sie enthalten Sprengstoff. Der Selbstwert ist an eine Bedingung geknüpft. Ich bin nicht wertvoll, weil ich der Mensch bin, der ich bin. Ich muss etwas tun, um mir meinen Wert zu verdienen – als wäre Selbstwert ein Arbeitslohn, der mir, je nach Leistung, ausgezahlt oder verweigert wird:

- Ich bin ein guter Arbeitskollege, weil ich für andere einspringe – tu ich es nicht, bin ich ein schlechter Kollege.
- Ich bin ein guter Lebenspartner, weil ich alles für den anderen gebe – tu ich es nicht, bin ich ein schlechter Lebenspartner.
- Ich bin ein guter Mensch, weil ich anderen helfe – tu ich es nicht, bin ich ein schlechter Mensch.

Ein Vergleich macht das Risiko deutlich: Wer einen Schrebergarten besitzt, zieht eigenen Salat, Tomaten und Gurken heran. Er ist nicht darauf angewiesen, sein Gemüse in einem Laden zu kaufen. Und wenn er doch mal in ein Geschäft geht, kann er frei entscheiden, welchen Preis ihm das Gemüse wert ist. Empfindet er eine Ware als zu teuer, lässt er sie liegen. Er versorgt sich selbst, ist unabhängig, hat die freie Wahl.

Wer dagegen kein Gemüse züchtet, hängt von den Läden ab. Auf seinem Teller kann nur landen, was er vorher einkauft. Er *muss* in die Läden, und zwar oft. Und er muss jeden Preis akzeptieren. Sonst steht er mit leeren Händen da.

Viele nette Menschen fahren pausenlos mit einem Einkaufswagen durch die Welt, um sich aus den Regalen der anderen zu holen, was sie in sich selbst nicht finden: Anerkennung. Sie strecken sich für Komplimente. Sie reißen sich in Stücke, um gewürdigt zu werden. Sie wollen den Selbstwert von außen beziehen, statt ihn in sich großzuziehen.

In seinem wunderbaren Buch »Die 6 Säulen des Selbstwertgefühls« schreibt der US-Psychologe Nathaniel Branden: »Das Selbstwertgefühl ist eine intime Erfahrung. Es wohnt in unserem Innersten. Es ist das, was ich über mich denke und für mich empfinde und nicht, was eine andere Person über mich denkt und für mich empfindet.« Und er kommt zu einem Schluss, den ich besonders für nette Menschen unterschreibe: »Das Tragische im Leben vieler Menschen ist, dass sie überall nach einem Selbstwertgefühl suchen, nur nicht in ihrem Inneren.«

Der Versuch, seinen Selbstwert über andere zu beziehen, macht abhängig und ist zum Scheitern verurteilt. Denn jeder Daumen, der nach oben zeigt, kann sich nach unten wenden – es entsteht eine Abhängigkeit:

- Wer seinen Selbstwert stärken will, indem er sich beliebt macht, schwächt diesen – denn die Beliebtheit kann ihm entzogen werden.
- Wer seinen Selbstwert stärken will, indem er anderen hilft, schwächt diesen – denn seine Hilfe kann überflüssig werden.
- Und wer seinen Selbstwert stärken will, indem er sich verbiegt, um zu einer Gruppe zu gehören, schwächt diesen – denn die Gruppe kann ihn verstoßen und er sich selbst verlieren.

Warum verbietet das deutsche Wettbewerbsrecht Monopole? Weil eine Firma, von der die Kunden abhängig wären, unanständige Preise verlangen würde. Und was tun Ihre Mitmenschen, wenn sie merken, dass Sie von ihrer Anerkennung abhängig sind? Sie steigern den Preis dafür! Immer mehr müssen Sie tun, geben, opfern, um diese Anerkennung noch zu bekommen. Am Ende droht Ihnen die emotionale Insolvenz.

Verfolgt habe ich das bei der Industriekauffrau Jane Gerber (32), die an ihrem Arbeitsplatz als »gute Seele« galt. Wer Probleme hatte, steuerte ihren Schreibtisch an. In den ersten Jahren passierte das zwei-, dreimal pro Woche. Jane Gerber nahm es als Kompliment, dass sie helfen konnte. Sie bezog ihren Selbstwert daraus, dass andere sie brauchten.

Doch je bekannter sie als »gute Seele« wurde, desto mehr wurde von ihr gefordert: Immer mehr Kollegen liefen sie mit Problemen an, und die Gespräche überlagerten ihre Arbeit. Vor allem ein Kollege mit »depressiven Schüben« spannte sie als private Therapeutin ein und blieb auch mal zwei Stunden bei ihr im Büro sitzen.

Sie ließ Arbeit liegen, kassierte Rüffel ihres Chefs und rutschte ab in Überstunden, um ihren Kollegen noch gerecht zu werden. Sie handelte so, weil sie keine Wahl hatte. Als »gute Seele« musste sie das tun.

Schließlich kam der deprimierte Kollege auf die Idee, sie auch nach Feierabend anzurufen, wenn es ihm schlecht ging. Fast täglich. Und oft nach 22 Uhr. Die langen Telefonate raubten ihr Zeit für ihre Familie. Und ihr Ehemann war wenig erfreut darüber, dass sie längere Gespräche mit einem Fremden am Telefon als mit ihm im Wohnzimmer führte.

Als Jane Gerber zu mir in die Beratung kam, stand sie kurz vor einem Burnout. Ihr rechtes Augenlid flatterte, sie litt unter Schlaflosigkeit, und den ganzen Tag machte sie sich Selbstvorwürfe, denn trotz ihres sozialen Engagements meinte sie: »Ich werde den Menschen nicht mehr gerecht!«

In der Beratung fragte ich sie: »Was würde passieren, wenn Sie ab morgen einfach sagen: ›Ich habe keine Kraft und Zeit mehr zum Zuhören!‹?«

»Ich glaube, das schaffe ich nicht. Das geht gegen meine Natur.«

»Es geht gegen Ihre Natur, dass Sie die Wahrheit sagen?«

»Dann wären alle von mir enttäuscht. Jeder erwartet von mir, dass ich mir Zeit nehme.«

»Sie nehmen sich Zeit, die Sie nicht haben. Was bekommen Sie eigentlich von den anderen zurück?«

»Na ja, sie schätzen mich als ›gute Seele‹.«

»Und wenn Sie nicht mehr für alle Sorgen ein offenes Ohr hätten, wären Sie keine ›gute Seele‹ mehr?«

Sie überlegte kurz. »Zumindest in den Augen der anderen nicht.«

Damit hatte sie den Kern ihres Problems erfasst: Ihr fehlte der Zugang zu ihrem inneren Gewächshaus – darum füllte sie ihren Einkaufswagen mit äußerer Anerkennung. Und die kam sie teuer zu stehen.

Meine Nettigkeits-Prüfung

Der geklaute Parkplatz

Die Situation: Ein Samstag kurz vor Weihnachten, ich will noch ein paar Geschenke kaufen. Der Parkplatz vor dem großen Geschäft ist rappelvoll, schon seit Minuten lauere ich auf eine Lücke. Endlich steigt ein Rentnerpaar in seinen Polo, um wegzufahren. Ich bringe mich in Position und setze den Blinker. Der Rentner fährt derart ungeschickt, dass ich erst ein Stück zurückfahren muss, um ihn rauszulassen.

Derweil schlängelt sich von der anderen Seite ein Auto in die offene Parklücke. Am Steuer sitzt ein muskulöser junger Mann mit Schirmmütze. Er war an mir vorbeigefahren, als ich den Blinker schon gesetzt hatte. Ihm muss klar sein, dass er mir gerade den Parkplatz klaut.

Soll ich mich beschweren und Streit riskieren? Oder sein Verhalten hinnehmen?

Übung: Wie hätten Sie an meiner Stelle reagiert?

____

____

____

____

Meine Reaktion: Ich steige aus und spreche den jungen Mann freundlich an: »Entschuldigung, ich habe schon einige Zeit auf diesen Parkplatz gewartet und hatte meinen Blinker gesetzt. Vielleicht haben Sie das übersehen, Sie sind vorher an mir vorbeigefahren. Ich finde, wir Autofahrer sollten fair miteinander umgehen. Sind Sie so nett, die Lücke für mich freizugeben.«

Einen Moment lang verfinstert sich sein Gesicht. Ich sehe mich schon in ein übles Wortgefecht verwickelt. Oder wird der Kerl gar eine Schlägerei beginnen? Aber dann sagt er kleinlaut: »Oh, das muss ich übersehen haben. Ich hatte nur Augen für die Parkplätze. Klar, wenn das so ist, fahre ich raus.«

Bewertung aus heutiger Sicht: Ich freue mich, dass ich so reagiert habe.

Kommentar: Ich trete als Anwalt für meine eigenen Bedürfnisse ein. Dabei greife ich den jungen Mann nicht an, sondern schildere Beobachtungen und Fakten. Meine Ausführung endet mit einer Bitte – ich sage, was ich brauche. Und deshalb bekomme ich es auch.

Die Nettigkeits-Falle: Einen Moment lang hatte ich überlegt, einfach auf den nächsten Parkplatz zu warten – auch weil ich mir eine übertrieben wütende Reaktion des jungen Autofahrers ausmalte. Nette Menschen ziehen sich oft zurück, wenn sie ungerecht behandelt werden, statt Konflikte auszutragen.

Meine Lehre: Wenn ich mich gegen Ungerechtigkeit wehre, bin nicht *ich* in der schwachen Position – sondern *der andere,* der sich ungerecht verhalten hat.

2 Warum Nette kaum Karriere machen

In diesem Kapitel erfahren Sie …

- wie ein Chef durch seine Gutmütigkeit eine Meuterei verursachte,
- warum Ihre Nettigkeit Sie viel Gehalt kosten kann,
- wie Höflichkeit Ihre Karriere gefährdet und
- warum Ihr Lächeln im Job menschliche Haie anlockt.

Der Ellenbogen lässt grüßen

Haben Sie schon mal gehört, dass ein Top-Manager als »nett« beschrieben wurde? Falls ja, war er sicher schnell weg vom Fenster. Ein netter Manager wäre wie ein Westernheld ohne Colt, er würde ständig zum Duell herausgefordert – und könnte sich in Wortgefechten, Verhandlungen und Rangkämpfen nicht behaupten. Denn seine Gegner ziehen schnell und schießen scharf.

Die Marktwirtschaft ist nicht mehr »sozial«, wie zu Ludwig Erhards Zeiten, sondern brutal. Unternehmen reißen ihre Mäuler auf, um sich gegenseitig zu verschlingen, das nennt man »Fusionsschlacht«. Unternehmen ziehen in den Krieg, um sich die besten Arbeitskräfte wegzuschnappen, das nennt man »War for talents«. Und durch Preisschlachten sollen Mitbewerber in den Ruin getrieben werden, damit man selbst ein noch größeres Stück des Marktkuchens auf den eigenen Teller schaufeln kann.

Dieses kriegerische Klima unter den Firmen spiegelt sich in den Büros und Werkshallen wider. Viele Arbeitskollegen sehen sich nicht mehr als Kollegen, sondern als Konkurrenten. Die Zeit des Sparwahns heizt den Wettbewerb an und provoziert Verteilungskämpfe – hier ein paar aktuelle Beispiele:

- Eine große Firma stellt zwei Verkäufer für dieselbe Position ein. Die beiden wundern sich über die Doppelbesetzung, bis ihnen eine Kollegin steckt: »Der Chef will euch testen. Einer von euch fliegt am Ende der Probezeit.«
- Zwei Manager in einem Energiekonzern, von denen bislang jeder eine Sekretärin hatte, sollen sich künftig eine Assisten-

tin teilen – obwohl immer noch Arbeit für zwei Sekretärinnen anfällt.

- Der Gehaltsetat eines Zulieferers wird pro Jahr um ein Prozent pro Mitarbeiter aufgestockt, die Abteilungsleiter dürfen dieses Geld frei verteilen. Wenn einer es schafft, sieben Prozent zu kassieren, gehen dafür sechs Kollegen leer aus.
- In einem Assessment-Center konkurrieren 20 Kandidaten um zwei offene Stellen. In einer Gruppendiskussion lautet die Aufgabe, den eigenen Standpunkt zu vertreten und durchzusetzen.

Bitte malen Sie sich aus, Sie wären in den genannten Situationen. Würden Sie es schaffen, beherzt für Ihre Interessen einzutreten? Wären Sie in der Lage, Ihre eigenen Rechte zu verteidigen? Oder fürchten Sie, dass andere Ihnen die Butter vom Brot nehmen? Man braucht nicht viel Fantasie, um den Gewinner des jeweiligen Wettkampfes zu erraten:

- Wer bekommt am Ende der Probezeit den Job in dem Kaufhaus? Der nettere Verkäufer – oder der durchsetzungsstärkere?
- Welcher Manager wird von der verbliebenen Assistentin besser entlastet? Der rücksichtsvolle – oder der fordernde?
- Welcher Mitarbeiter der Abteilung kann eine Gehaltserhöhung von sieben Prozent durchsetzen? Ein bescheidener – oder ein unbescheidener?
- Und wer bekommt nach dem Assessment-Center ein Jobangebot? Ein Einfühlsamer – oder ein Selbstdarsteller?

Mich regt dieser Sozialdarwinismus auf, weil er Charakterschwäche belohnt und Redeleistung über Arbeitsleistung stellt. Und ich bin der Meinung, jede Firma ist eine Institution der Gesellschaft, also nicht nur ihrem Gewinn verpflichtet, sondern auch dem Gemeinwesen. Aber ich muss zur Kenntnis nehmen, dass humanistische Werte wie Gerechtigkeit, Teilhabe und Gleichbehandlung im Business zu den aussterbenden Spezies gehören.

Wenn Sie in Ihrem Job als »nett« gelten, klingt das besser als »nicht ganz ernst genommen«, meint aber dasselbe. Für Nettigkeit werden Sie nicht belohnt, denn sie steht in keinem Stellenprofil. Dagegen ist »Durchsetzungsfähigkeit« eine der häufigsten Vokabeln in Ausschreibungen und wird mittlerweile schon von Azubis erwartet.

Nettigkeit zieht Zumutungen an: Wer bekommt fiese Arbeiten auf den Tisch? Ein Netter, der sich nicht dagegen wehrt. Wer wird bei Beförderungen und Gehaltserhöhungen übergangen? Ein Netter, der am wenigsten fordert. Und wer zieht in alltäglichen Machtkämpfen den Kürzeren? Ein Netter, der solche Machtspielchen meidet oder nicht mal bemerkt.

Dagegen fließen Anerkennung und Belohnungen vor allem zu Trommlern, Karrieregeilen und Ichlingen. Die Nettigkeit, ein feiner Charakterzug, hat sich in der modernen Arbeitswelt zum Wettbewerbsnachteil entwickelt.

In seinem Business-Klassiker »Power – Die 48 Gesetze der Macht« stellt Robert Greene soziales Verhalten als Schwachpunkt dar. Angenommen Sie geben im Lokal großzügig Trinkgeld. Was schließt ein Machtmensch daraus? Dass Sie abhängig sind von der sozialen Anerkennung anderer – und dass man Sie leicht um den Finger wickeln kann.

Das Buch zeigt auf, wie man Nette über den Tisch zieht, etwa indem Ihnen jemand seine eigenen »Geheimnisse« anvertraut, erfunden oder harmlos – und Sie dann zum Ausgleich ein echtes Geheimnis ausplappern. Schon schnappt die Vertrauensfalle zu – und Sie sind erpressbar!

In dem Buch heißt es unverblümt: »Jeder hat eine Schwäche (...) Haben Sie diesen Punkt erst einmal gefunden, verfügen Sie über eine Daumenschraube, die Sie zu Ihrem Vorteil nutzen können.«[29]

Immer öfter beobachte ich, dass Chefs einen Streit in ihrer Abteilung schwelen lassen, ohne einzugreifen. Oder dass ihre typische Kopfbewegung beim Mobbing das Wegschauen ist. Ein Abteilungsleiter erklärte mir: »Wenn ich eingreife, um den Schwachen zu schützen, demotiviere ich die Leistungsträger. Es ist bei uns wie in der Natur: Der Stärkere soll sich durchsetzen.«

Warum so wenig Nette im Top-Management ankommen? Jetzt wissen Sie's!

Der Chef und die Meuterei

»Es riecht nach Meuterei – meine Mitarbeiter wollen mich loswerden!« Mit diesem dramatischen Satz beschrieb der Abteilungsleiter Stefan Deidinger (38) seine Situation. Aber was hatten seine Mitarbeiter gegen ihn? Vor mir saß ein Mann, der nicht gerade wie ein Tyrann wirkte: Lachfalten dominierten sein Gesicht. Seine Stimme klang sanft wie das Säuseln eines Sommerwinds. Und seine Manieren konnten sich sehen lassen: Zweimal, als wir zur gleichen Zeit zu sprechen begannen, bat er um

Verzeihung – und bestand darauf, dass ich meinen Satz vor ihm beendete.

Bis vor wenigen Tagen hatte er geglaubt, er sei als Chef gut angesehen. Doch dann klopfte es an seiner Tür, drei Mitarbeiter sprachen vor und drückten ihm die Verbal-Pistole gegen die Stirn: »Entweder Sie sprechen jetzt ein Machtwort – oder wir ziehen nicht mehr mit!«

Der Wortführer redete Klartext: »Wir haben die Schnauze voll, dass Sie nie Position beziehen. Wenn jemand morgens zu spät kommt – Sie sagen kein Wort. Wenn jemand eine schlampige Arbeit abliefert – Sie deuten Ihre Kritik nur an. Und Sie loben Arbeiten, die es nun wirklich nicht verdienen.«

Stefan Deidinger fiel aus allen Wolken. Er wusste, dass er vor allem positive Rückmeldungen gab und sich auf die Stärken seiner Leute konzentrierte. Aber nie wäre er auf die Idee gekommen, damit bei seinen eigenen Mitarbeitern anzuecken. Schließlich profitierten sie von seiner menschenfreundlichen Haltung.

Dieses Argument hielt er den Protestlern entgegen, worauf der Wortführer meinte: »Warum soll ich noch pünktlich sein, wenn Sie anderen die Unpünktlichkeit durchgehen lassen? Warum soll ich alles aus mir herausholen, wenn Sie sogar Misslungenes loben? Und haben Sie mal überlegt, welche Folgen es hat, dass Sie Lydia Becker in der Probezeit nicht entlassen haben? Wir anderen arbeiten jetzt für sie mit. Ich selbst hatte Ihnen mehrfach gesagt, dass ihre Arbeitsleistung nicht stimmt. Aber Sie mussten ihr ja noch eine Chance geben. Ich glaube, Ihnen hat nur der Mumm gefehlt, sie zu entlassen.«

In diesem unverblümten Ton hagelte weitere Kritik auf Stefan Deidinger ein, zum Beispiel:

- »Das Ansehen der Abteilung hat unter Ihrer laschen Führung gelitten. Die Nachbarabteilungen sind bei der Geschäftsleitung besser angesehen, deshalb bekommen die Kollegen dort mehr Gehalt.«
- »Bei unseren Vorschlägen in den Teamrunden drücken Sie sich immer um eine Stellungnahme. Man weiß nie, ob Sie etwas gut oder weniger gut finden. Da macht es gar keine Freude, gute Ideen einzubringen.«
- »Bei den Sitzungen gehen Sie nie dazwischen, wenn jemand vom Hölzchen aufs Stöckchen kommt. Deshalb sind die Meetings unnötig lang und langweilig.«
- »Sie winken Urlaubsanträge durch und genehmigen Fortbildungen auch dann, wenn wir keine Kapazitäten dafür haben. Das müssen die restlichen Mitarbeiter dann ausbaden.«

Für welchen Chef würden Sie lieber arbeiten: für einen, der den Mitarbeitern alles durchgehen lässt – oder für einen, der klare Regeln gegenüber *allen* durchsetzt? Für einen, der gute Leistungen lobt und schlechte kritisiert – oder für einen, der sein Lob mit der Gießkanne verteilt? Für einen, der Ihnen und den Kollegen klar sagt, woran Sie sind – oder für einen, der seine Worte in Watte verpackt, nur um niemanden damit zu verletzen?

Glauben Sie mir: Mitarbeiter leiden nicht nur unter zu strengen, sondern auch unter zu laschen Chefs. Ein allzu netter Chef ist wie ein Schiedsrichter, der kein Foulspiel pfeift. Dieses Verhalten ist freundlich gegenüber den Knochentretern – aber eine Zumutung für die Gefoulten. Wenn jemand im Job gegen die Regeln verstößt, wenn er zu spät kommt oder schlampig arbeitet, will das geahndet sein. Sonst fühlen sich alle, die korrekt handeln, auf den Arm genommen.

Wenn ein Schiedsrichter niemals pfeift, werden die Fouls immer brutaler. Im Büro gilt dasselbe: Wer mit einer Verspätung von fünf Minuten durchkommt, taucht demnächst zehn Minuten zu spät auf, dann 20 Minuten und schließlich eine halbe Stunde. Der Psychologe Paul Watzlawick weist in seinem Buch »Wie wirklich ist die Wirklichkeit?« darauf hin, dass es ausreicht, eine erste Verspätung *nicht* anzusprechen, damit heimlich eine Beziehungs-Regel entsteht: »Ich darf mich verspäten!«[30]

Wenn ein Chef aus Nettigkeit nicht durchgreift, tut er den Geschonten keinen Gefallen. Statt als Korrektiv zu wirken, bestätigt er die Irrläufer in ihrem Irrweg – mit verheerenden Folgen für alle Beteiligten.[31]

Im Beratungsgespräch räumte Stefan Deidinger ein: »Es stimmt, ich habe meinen Mitarbeitern viel durchgehen lassen. Aber ich weiß doch, wie vernichtend Kritik sein kann.«

»Dann wollten Sie Ihre Mitarbeiter schonen?«

Er nickte, und ich fragte nach: »Aber was haben Sie empfunden, wenn jemand am laufenden Band zu spät kam?«

»Ich habe gedacht, der nimmt mich als Chef nicht ernst. Aber dann habe ich mich beruhigt und mir gesagt: ›Jetzt blas diese Mücke mal nicht zum Elefanten auf.‹«

Ähnlich liefen seine inneren Dialoge ab, wenn die Qualität der Arbeit nicht stimmte. Es gab eine Stimme, die die Dinge beim Namen nannte – und eine andere, die tausend Argumente fand, warum er Mängel akzeptieren und sich seine Kritik sparen sollte.

In der Beratung arbeiteten wir heraus, wen er in Wirklichkeit schonen wollte: sich selbst. Offenbar fürchtete er sich davor, seine Mitarbeiter zu konfrontieren. Er hatte Angst, sich damit unbeliebt zu machen und als übertrieben strenger Chef zu gelten. In seiner Kindheit hatte er unter seinem strengen Vater gelitten. Doch bei seinem Versuch, Herrschsucht dieser Art zu vermeiden, hatte er übersteuert und war in der Beliebigkeit gelandet.

Erst nach mehreren Beratungen wuchs in ihm die Einsicht, dass eine klare Linie und menschliches Verhalten sich ideal ergänzen konnten. Er trommelte seine Mitarbeiter zusammen, griff den Vergleich mit dem Schiedsrichter auf und kündigte an, künftig bei Regelverstößen laut hörbar zu pfeifen. Seine Mitarbeiter waren froh, dass endlich verbindliche Spielregeln galten.

Das passiert, wenn Sie zu nett verhandeln

Ich sitze mit dem Abteilungsleiter Jürgen Berger in seinem Büro, um eine Gehaltsverhandlung als Supervisor zu begleiten. Wir unterhalten uns angeregt, als er seinen Zeigefinger vor den Mund führt: »Hat es nicht gerade geklopft?« Beide spitzen wir die Ohren. Jetzt höre ich es auch: ein leises Klopfen an der Tür.

»Kommen Sie herein!«, sagte Jürgen Berger mit kräftiger Stimme. Die Tür öffnet sich zögernd, und ein lächelndes Gesicht betritt den Raum. Berger hat mir erzählt, dass Lydia Satin (38) die »Perle« seiner Abteilung sei. Bei diesem Wort zuckte ich zusammen, früher wurde es für Hausdienerinnen verwendet. Und niemals habe ich gehört, dass ein Mann so bezeichnet wurde.

Lydia Satin lächelt, als sie ihren Chef begrüßt, lächelt, als sie mich begrüßt, und lächelt auch noch, als sie ihren Chef mit Blick auf mich fragt: »Haben Sie noch Besuch? Störe ich?«

»Nein, nein«, sagt ihr Chef. »Sie kennen Herrn Wehrle ja, er ist gelegentlich als Coach hier. Heute begleitet er unsere Verhandlung als stummer Supervisor. Sind Sie einverstanden?«

»Doch, doch«, sagt sie – und hat den Schalter ihres Lächelns immer noch nicht ausgeknipst.

Jürgen Berger weist ihr einen Stuhl zu. Sie nimmt Platz, drapiert einen Block und einen Stift direkt vor sich auf dem Tisch. Ihre Ellenbogen hält sie an den Körper angelegt, ihre Beine unterm Tisch leicht verknotet, als müsse sie dringend aufs Klo.

Ihr Chef eröffnet das Gespräch: »Also, Frau Satin, heute wollen wir uns über Ihr Gehalt unterhalten. Soll ich mit der guten oder der schlechten Nachricht beginnen?«

Einen Moment lang flackert ihr Lächeln, als wollte es erlöschen. »Mit der schlechten, dann habe ich das hinter mir.« Jürgen Berger macht ein ernstes Gesicht. »Also. Ich muss Ihnen sagen, dass die Etat-Lage sehr schwierig ist. Bestimmt haben Sie von den Sparmaßnahmen der Geschäftsleitung gehört. Große Sprünge sind da nicht drin. Aber Sie kennen diesen Laden ja lang genug, das wird Ihnen klar sein.«

Er macht eine Pause, Lydia Satin schaut ihn fragend an: »War das die schlechte Nachricht? Oder kommt da noch was?« Ihr letzter Satz endet mit einem verlegenen Lachen.

»Keine Sorge, das war's. Und jetzt wollen Sie sicher die gute Nachricht hören.«

»Gerne«, sagt sie – und die Glühbirne ihres Lächelns leuchtet wieder heller auf.

»Mit Ihrer Arbeitsleistung bin ich erneut zufrieden«, sagt Jürgen Berger. »Sie tragen viel zum guten Klima im Team bei. Und es gibt keine Aufgabe, die Sie scheuen.« Er zählt ein paar Arbeiten auf, an denen Lydia Satin mit Erfolg beteiligt war, lobt sie für dieses und jenes.

Als er fertig ist, lächelt sie mit voller Wattzahl: »Danke! Das freut mich wirklich, dass Sie meine Leistung so gut einschätzen können – Sie haben schließlich viele andere Dinge um die Ohren.«

»Das ist doch selbstverständlich, dass ich sehe, was Sie leisten«, sagt ihr Chef. »Und, schlechter Etat hin oder her: Sie bekommen dieses Jahr eine Gehaltserhöhung von drei Prozent.«

Das Lächeln flackert wieder, kurz senkt Lydia Satin ihren Blick zur Tischplatte, dann sagt sie: »Erst einmal danke, dass Sie mir ein solches Angebot machen. Nur ist es so, dass ich eigentlich …« Sie stockt, sucht nach Worten. »Also, eigentlich hatten wir doch letztes Jahr besprochen, dass es dieses Jahr mindestens sieben Prozent werden sollten.« Das »sollten« spricht sie in einer so hohen Tonlage aus, dass der Satz wie eine Frage klingt.

»Ich weiß, ich weiß«, antwortet ihr Chef. »Aber die wirtschaftlichen Voraussetzungen haben sich verändert. Glauben Sie mir, ich bin guten Willens. Aber was soll ich tun? Ich kann nicht mehr vergeben, als ich von der Geschäftsleitung bekomme. Oder glauben Sie etwa, ich bluffe?«

Lydia Satin rudert mit den Armen, als wollte sie diesen Verdacht aus dem Raum wischen: »Oh nein, das würde ich Ihnen nie unterstellen. Ich weiß ja, dass die Firma auf Sparkurs ist. Aber drei Prozent …« Ihre Stimme klingt monoton. Sie schaut zur Decke, sucht nach Worten: »Drei Prozent sind ja besser als nichts, ja. Und ich weiß das auch zu schätzen. Aber es ist doch nicht ganz das, was ich mir eigentlich vorgestellt hatte.« Ein verlegenes Lächeln umspielt ihre Mundwinkel. Sie holt tief Luft, kämpft mit sich und sagt dann mit hoher Stimme: »Deshalb wollte ich fragen, ob da nicht noch etwas mehr drin ist.«

Jürgen Berger legt den Kopf schräg und setzt ein bedrücktes Gesicht auf. »Wir kennen uns ja lang genug, Frau Satin, ich will mit offenen Karten spielen. Ich habe nur einen kleinen Budgetzuschlag für alle Mitarbeiter der Abteilung bekommen. Jeden Cent, den ich Ihnen zusätzlich gebe, muss ich einem anderen aus der Tasche ziehen. Wollen Sie das wirklich?«

»Nein«, ruft sie rasch. »Ich gönne jedem seine Gehaltserhöhung, alle haben zum Erfolg beigetragen.«

Jürgen Berger nickt. »Das schätze ich an Ihnen: dass Sie nicht nur an sich, sondern ans ganze Team denken. Und ich verspreche Ihnen, sobald der Etat wieder mehr hergibt, werden Sie einen größeren Sprung machen.«

Die beiden tauschen noch ein paar freundliche Floskeln aus. Lydia Satin bedankt sich für das »faire Gespräch«, schenkt ihrem Chef ein Lächeln, schenkt mir ein Lächeln – und verlässt den Raum, wie sie ihn betreten hat: leise, unauffällig und sehr nett.

Daran scheitert Ihr Gehaltswunsch

Durchsetzungsstarke Menschen schaffen es oft, Nette über den Tisch zu ziehen. Die kräftige Farbe ihres Willens übertüncht die ursprünglichen Wünsche des anderen, frei nach dem paradoxen Motto: »Ich möchte, dass du tust, was du möchtest; aber ich möchte, dass du möchtest, was ich möchte.«[32]

Woran ist Lydia Satin in ihrer Gehaltsverhandlung gescheitert? Inwiefern steht sie sich mit ihrer Nettigkeit im Weg? Wodurch verkauft sie sich unter Wert? Und, mal ehrlich: Welcher dieser Fehler hätte auch Ihnen passieren können?

Wäre Lydia Satin meine Klientin gewesen, hätte ich ihr Folgendes gesagt: Von Beginn an hatte ich den Eindruck, Sie wollten keinen Lärm um sich und Ihre Leistung machen. Dabei ist das der Kern einer Gehaltsverhandlung: dass man für sich trommelt. Als Sie ankamen, war Ihr Klopfen kaum zu hören. Ein Mäuschen betrat den Raum, kein Verhandlungs-Tiger. Und ist Ihnen aufgefallen, dass Sie fast die ganze Verhandlung lang gelächelt haben? Da schwang die Botschaft mit: »Nimm mich nicht so ernst!« Dieses Signal der Unsicherheit hat Ihre Position verschlechtert, Ihr Chef fühlte sich überlegen.

Am Tisch haben Sie kaum Raum beansprucht, auch Ihre Körpersprache war zugeknöpft. Dagegen hatte Ihr Chef seine Unterlagen vor sich ausgebreitet und saß breitbeinig da. Er wirkte souverän und offensiv, Sie ängstlich und defensiv.

In der Verhandlung wollten Sie zuerst die negative Nachricht hören. Warum eigentlich? Eine positive Botschaft zu Beginn hätte Ihre Chancen erhöhen und die weitere Verhandlung prägen können, man nennt das Primacy-Effekt.[33] Dagegen blies Ihnen die negative Nachricht, dass der Etat knapp sei, gleich Gegenwind ins Gesicht. Ihre Rückfrage, ob das die schlechte Nachricht »schon« war, klang ängstlich – als wären Sie froh, wenn nicht noch weitere Hiobsbotschaften folgen. Stattdessen hätten Sie sagen können: »Gerade bei knappem Etat kann die Firma von Leistungsträgern wie mir besonders profitieren. Zum Beispiel habe ich im letzten Jahr zusätzliche Einnahmen gebracht durch …«

Und haben Sie Ihrem Chef das Argument, der Etat gebe nicht mehr her, wirklich abgenommen? Das wäre ziemlich naiv, denn wo ein Wille ist, ist auch ein Gehaltsweg.

Ihr Chef sprach positiv über Ihre Leistung, dafür haben Sie sich bedankt – nach meinem Gefühl zu oft und zu unterwürfig. Er konnte sich dadurch zum Gönner aufschwingen (»Das ist doch selbstverständlich, dass ich Ihre Leistung im Blick habe«) und Ihnen die mickrige Gehaltserhöhung von drei Prozent auch noch als Großzügigkeit verkaufen (»schlechter Etat hin oder her«).

Dieses Angebot lag weit unter Ihren Erwartungen. Und doch klang Ihr Nachhaken halbherzig. Aber eine Verhandlung ist nicht zu Ende, wenn ein schlechtes Angebot im Raum steht, sondern geht erst los.

Fiel es Ihnen schwer, Ihren Chef mit einer klaren Forderung zu konfrontieren? Haben sich deshalb Weichmacher in Ihre Sprache geschlichen? Sie sagten nicht: »Wir haben letztes Jahr besprochen, dass ich dieses Jahr mindestens sieben Prozent bekomme.« Sondern: »*Eigentlich hatten* wir …« Damit wurde Ihre Aussage kraftlos.

Mehrfach hat Ihr Chef Sie bei Ihrer Nettigkeit gepackt und emotional erpresst. Einmal ließ er sich von Ihnen bestätigen, dass er guten Willens sei und nicht bluffe. Stattdessen hätten Sie sagen können: »Wenn Sie guten Willens sind, beweisen Sie es mir: indem wir uns jetzt auf eine Gehaltserhöhung von sieben Prozent einigen, wie im Vorjahr besprochen.«

Gut fand ich, dass Sie einen weiteren Anlauf nahmen, um die drei Prozent nach oben zu handeln. Nur hätten Sie das unwürdige Angebot nicht loben sollen (»Drei Prozent sind ja besser als nichts«). Und als Sie sagten, dieses Angebot sei »nicht ganz« das, was Sie sich »eigentlich« vorgestellt haben, kam bei Ihrem Chef an: *Es entspricht fast meinen Wünschen – ich werde es akzeptieren!* Dieser Eindruck verstärkte sich durch Ihr zaghaftes Nachhaken: »Deshalb wollte ich fragen, ob da nicht noch etwas mehr drin ist.« »Wollten« Sie – oder wollen Sie noch? Und soll es »mehr« sein (wenn ja, wie viel genau?) – oder nur »etwas mehr«?

Am Ende noch eine emotionale Erpressung: Ihr Chef tat so, als ginge Ihre Erhöhung zulasten der Kollegen. Diesen Schuh hätten Sie sich nicht anziehen dürfen. In der Verhandlung ging es allein um Ihr Gehalt, nicht um das der Kollegen. Außerdem: Wer sich schlecht bezahlen lässt, zieht die Maßstäbe nach unten – das ist nicht sozial, sondern unsozial.

Insgesamt hätten Sie in der Verhandlung klarer auftreten und als Kernbotschaft vermitteln sollen: »Wir haben sieben Prozent für dieses Jahr abgesprochen. Nun bieten Sie mir drei Prozent, das ist nicht mal die Hälfte davon – damit bin ich nicht einverstanden!« So hätten Sie unterstrichen, wie ernst Sie Ihre Forderung meinen. Ich wette, Ihr Chef wäre Ihnen entgegengekommen. Dabei hätte es Ihnen geholfen, mehr Gefühle aus Ihrem Herzen in die Kehle steigen zu lassen, denn Willenskraft spiegelt sich in der Stimme[34]; Sie aber klangen monoton und leise.

Und warum haben Sie sich eigentlich am Ende für das »faire Gespräch« bedankt? Fair war's nicht – durch Ihre Nettigkeit wurden Sie über den Tisch gezogen.

So locken Sie Haie an (ohne es zu wollen)

Was hat es zu heißen, wenn Ihnen jemand mit seinem Gesicht ganz nahe kommt? Will er Sie küssen? Oder Ihnen einen Kopfstoß verpassen? Beides ist möglich – je nachdem, ob Sie es mit einem geliebten Menschen oder einem Angreifer zu tun haben.

Dasselbe Verhalten kann zwei konträre Bedeutungen haben, das gilt auch für Ihre Gesten der Nettigkeit. Mal können sie angemessen, mal gefährlich sein, je nach Situation. Hier ein paar Beispiele:

- Wenn Sie einen Freund anlächeln, fühlt er sich von Ihnen wertgeschätzt und gemocht – wenn Sie dasselbe mit Ihrem Chef in der Verhandlung tun, denkt er: »Schau an, da ist jemand unsicher und wird sich leicht über den Tisch ziehen lassen!«
- Wenn Sie von Ihren eigenen Erfolgen nur zurückhaltend berichten, hält Ihre Tante das für »sympathisch und bescheiden« – im Vorstellungsgespräch jedoch kommt an: »Da hat jemand wenig zu bieten – oder kein Selbstbewusstsein.«
- Wenn Sie in einer Diskussion mit Ihrer Familie einlenken, gelten Sie als »sozial kompetent und kompromissbereit« – tun Sie es in einer Gehaltsverhandlung wie Lydia Satin, hat ihr Verhandlungsgegner leichtes Spiel.

Was für Haie frisches Blut ist, ist im Business die Nettigkeit: ein Lockstoff, der die Gier der anderen schüren und zu einem (verbalen) Gemetzel führen kann. In unserem wettbewerbsorientierten System ist der Vorteil, den sich der eine sichert, oft zugleich ein Nachteil für den anderen:

- Jeder Cent, den Ihr Chef in der Gehaltsverhandlung spart, ist zu seinem Vorteil – aber fehlt Ihnen.
- Jeder Job, den sich eine Kollegin unter den Nagel reißt, ist zu ihrem Vorteil – aber für Sie gestorben.
- Und jeder Rabatt, den Ihr Kunde verhandelt, ist zu seinem Vorteil – aber geht Ihnen als Umsatz flöten.

Wer nett ist, wird oft für schwach gehalten, die Höflichkeit wird mit Unentschlossenheit verwechselt, und Diplomatie kommt als Nachgiebigkeit rüber. Aber welche Signale sind es, mit denen Sie die Haie anlocken? Was müssen Sie im Beruf und auch sonst dringend unterlassen, damit die anderen Sie ernster nehmen? Dies sind die acht größten Fettnäpfe für nette Menschen:

1. Lächeln bei ernsten Themen

Wenn ein Menschenaffe seine Zähne zeigt, ist das eine Geste der Unterwerfung. Er geht einem Kampf aus dem Weg und streckt die Waffen. Jedes Wort, das Sie sagen, läuft vorher durch den Filter Ihres Verstandes. Aber Ihr Körper kommuniziert unwillkürlich: Ihre Haltung, Ihre Gestik und Ihre Mimik sind nur bedingt steuerbar. Darum lächeln nette Menschen oft, wenn ihnen weniger Nettes widerfährt, etwa eine Zurückweisung. Solche Doppelbotschaften, *Double Bind* genannt, trüben die Ausstrahlung[35] – als würde jemand beim Autofahren gleichzeitig Gaspedal und Bremse drücken.

Wie deutet Ihr Gesprächspartner dieses Verhalten? Fürchtet er, dass Sie Ihre Forderung doch noch durchsetzen? Nimmt er

Sie ernst? Nein, er sieht Ihr Lächeln als Zeichen der Schwäche an, als Kapitulation.

Darum ist es so wichtig, dass Sie sich bewusst machen, in welchen Situationen Sie lächeln. Erst wenn Sie wissen, was Ihre Gesichtsmuskulatur tut, können Sie gegensteuern.

Ich unterscheide drei Arten von Lächeln:

- *Sieger-Lächeln:* Sie freuen sich selbstbewusst – zum Beispiel, weil Ihnen im Beruf etwas gelungen ist, weil Sie mit Ihrem Leben zufrieden sind oder weil die Verhandlung gut für Sie läuft
  Fazit: Dieses Lächeln hilft Ihnen – es transportiert Ihren Erfolg und Ihr Selbstvertrauen. Viele Manager übertreiben es damit sogar.
- *Sympathie-Lächeln:* Sie lächeln, um Ihre Sympathie zu bekunden – etwa, wenn Sie einen vertrauten Menschen treffen, einem Kind beim Spielen zusehen oder sich bei jemandem bedanken, der Ihnen einen Gefallen getan hat.
  Fazit: Dieses Lächeln aus Sympathie bringt Ihnen dasselbe zurück: Sympathie. Es trägt zu einem menschlichen Klima bei und ist frei von Risiken.
- *Unterwerfungs-Lächeln:* Sie lächeln, um den anderen zu beschwichtigen. Zum Beispiel macht Ihr Chef in der großen Runde eine unfaire Bemerkung über Sie – doch statt zu protestieren, lächeln Sie
  Fazit: Dieses Lächeln ist doppelt gefährlich: Zum einen fühlen sich einige Mitmenschen eingeladen, Sie auszunutzen. Zum anderen leben Sie inkongruent: Sie zeigen nicht, was Sie fühlen, und fühlen nicht, was Sie zeigen. Das kostet Sie Selbstrespekt und mindert Ihr Charisma.

Wie gelingt es Ihnen, Ihr Lächeln zu dosieren? Zum Beispiel lassen Sie sich von einem vertrauten Menschen ein Signal geben, wenn Sie (wahrscheinlich) ungewollt lächeln. Viele Menschen sind verblüfft, wie oft sie lächeln. Und dieses Bewusstsein verhilft Ihnen zu mehr Achtsamkeit und einer stimmigeren Mimik. Ebenso können Sie sich vor wichtigen Gesprächen überlegen, wie Ihr Gesicht aussehen soll. Was wäre der Situation angemessen? Probieren Sie vorm Spiegel aus, welcher Gesichtsausdruck am besten zu Ihrem inneren Empfinden passt.

Werden Sie so zum Schauspieler? Ganz im Gegenteil: Sie korrigieren ein Schauspiel, nämlich Ihr falsches Lächeln – und ersetzen es durch einen authentischen Gesichtsausdruck.

2. Sich (zu) oft bedanken

Geht es Ihnen wie mir? Stehen Sie auf Kriegsfuß mit Menschen, die das Wort »danke« nicht kennen? Dankbarkeit ist eine Tugend. Sie verbessert den Umgangston, erhöht den sozialen Zusammenhalt und steigert die Lebensqualität. Wer anderen dankbar ist, lebt nachweislich länger und bekommt seltener Depressionen.[36]

Dankbarkeit wirkt wie Medizin. Doch in der Überdosis wird sie zum Gift. Und während Egoisten dazu neigen, mit Dankbarkeit zu geizen, fallen soziale Typen ins andere Extrem: Sie überschütten ihre Mitmenschen damit. Ein paar Beobachtungen aus meiner Praxis:

- Eine Bewerberin bedankt sich überschwänglich für ihre Einladung zum Vorstellungsgespräch. Sie wiederholt mehrfach, wie sehr sie sich freut, dass man ihr »eine Chance gibt, obwohl sich doch bestimmt über 100 Leute beworben haben

Folge: Ein einfaches »Danke« wäre höflich und zu ihrem Vorteil gewesen, aber diese Dankes-Hymne schürt einen Verdacht: dass sie selbst der Meinung ist, diese Einladung nicht verdient zu haben. Sie rutscht in den Tiefstatus, »Chance geben« klingt nach Resozialisierung, nicht nach Selbstbewusstsein.

- Eine Sachbearbeiterin bedankt sich bei der Kollegin mehrfach für deren Unterstützung bei einem Projekt. Dabei hat sie vor einigen Wochen dasselbe für die Kollegin geleistet, nur ohne großen Dank dafür zu ernten

  Folge: Die Kollegin bekommt das Gefühl, sie habe noch etwas gut. Womöglich kommt sie bei nächster Gelegenheit mit einer Riesenarbeit angelaufen, um die Unterstützung der netten Sachbearbeiterin einzufordern.
- Ein Außendienstler bedankt sich überschwänglich bei einem Kunden, weil dieser ihm einen kleinen Fehler in der Kalkulation verzeiht. Mehrfach wiederholt er seinen Dank

  Folge: Der Kunde nimmt den Fehler immer mehr als Zumutung wahr und fragt sich: »Welche Gegenforderungen kann ich stellen?« Gut möglich, dass er beim nächsten Angebot auf einen unangemessenen Preisnachlass pocht.

Übertreiben Sie Ihren Dank nicht! Ich kenne nette Menschen, die sich für jede Kleinigkeit verbal bis in den Staub verbeugen. Sie wiederholen und unterstreichen ihren Dank, bis der andere sich als Wohltäter sieht, auch wenn er nur Selbstverständliches getan hat.

Aber ist hoch dosierte Höflichkeit nicht besser als Unhöflichkeit? Für Rüpel trifft das zu. Aber nette Menschen neigen dazu, ihre Höflichkeit zu *unterschätzen*. Wenn Sie als Netter meinen, sich *nicht* deutlich genug bedankt zu haben, stimmt die Dosis. Der Empfänger misst Dank mit seinen eigenen Maßstäben. Und wie er selbst mit Dank nicht um sich wirft, erwartet er das auch nicht von anderen. Wenn Ihr Chef Ihnen zum Beispiel einen Standard-Urlaubstag genehmigt, reicht ein kurzes »Danke«. Es braucht keinen Dankgesang in mehreren Strophen.

Jeder ausführliche Dank ist ein Geschenk an Ihre Mitmenschen. Und Geschenke sollte es nur zu besonderen Anlässen geben. Indem Sie sich wenig bedanken, steigt der Wert Ihres Dankes.

3. Ohne die nötige Entschlossenheit agieren

Stellen Sie sich vor, ein Fußballstürmer eilt aufs gegnerische Tor zu. Aber als sich der erste Verteidiger in seinen Weg stellt, bleibt er stehen – und lässt sich den Ball vom Fuß spitzeln. Später sagt er: »Vielleicht wäre ich an dem Verteidiger vorbeigekommen. Aber ich wollte ihn nicht austricksen und vor dem Publikum bloßstellen.«

Dieses Beispiel klingt absurd, aber im Alltag passiert genau das: Oft lassen sich nette Menschen von ihren Plänen abbringen, sobald sich jemand in den Weg stellt, sobald Widerstände auftauchen, sobald Konflikte drohen. Ein paar Beispiele aus meiner Beratungspraxis:

- Ein netter Lebensmittelchemiker stellt bei der Sitzung ein neues Verfahren vor. Er möchte, dass die bisherige Methode ersetzt wird. Doch als ein Kollege das neue Verfahren als »viel zu riskant und unerprobt« darstellt, widerspricht der Nette nur halbherzig – er will keinen Konflikt vor der Gruppe austragen.

- Eine Fabrikarbeiterin hat sich vorgenommen, in der nächsten Woche keine Nachtschichten zu leisten, denn sie hat ihre Familie zu Besuch. Außerdem macht sie selbst mehr Nachtschichten als die Kollegen. Doch keiner der Kollegen will auf Anhieb einspringen. Also begräbt sie ihr Anliegen.
- Ein Handelsvertreter schiebt seit Jahren Resturlaub vor sich her, mittlerweile 21 Tage. Er hat sich vorgenommen, dieses Jahr vier zusätzliche Urlaubswochen zu nehmen. Doch als über die Urlaubsplanung gesprochen wird, redet ihm sein Chef ins Gewissen: »Wir müssen auch an die Kollegen denken.« Obwohl keiner so viel Urlaub wie er vor sich herschiebt, steckt er zurück.

Jedes Mal lassen sich die Netten den Ball vom Fuß spitzeln, weil sie zweierlei zugleich wollen: ihre Bedürfnisse befriedigen und bei niemandem anecken. Wenn beides kollidiert, stecken sie zurück. Dabei ist es im Leben wie beim Fußball: Gegner machen das Spiel spannend. Und an den Widerständen wächst die eigene Kraft. Nette Menschen tun gut daran, entschlossener zu agieren. Je mehr Verteidiger ausgespielt werden müssen, desto schöner die Tore, die dann fallen.

4. Eigene Gedanken relativieren

Als Journalist habe ich gelernt: Beginne deinen Artikel mit einem Erdbeben – und steigere dich! Dasselbe gilt beim Reden: Wer es nicht schafft, seine Zuhörer mit den ersten Sätzen zu packen, schaut sofort in gelangweilte Gesichter. Das passiert netten

Menschen oft: Sie entwerten ihre eigenen Äußerungen im Voraus. Folgende Rede-Einstiege habe ich zuletzt mitgeschrieben – schauen Sie mal, was davon Ihnen bekannt vorkommt:

- »Vielleicht ist das eine dumme Idee, aber ich habe mir überlegt …«
- »Das hört sich jetzt banal an, aber trotzdem …«
- »Ich bin nicht sicher, ob das überhaupt zum Thema passt, doch gerade fällt mir ein …«
- »Ich weiß, dass wir mit diesem Punkt eigentlich schon durch sind, nur …«
- »Ich sage jetzt bestimmt nichts Neues, doch …«

Zum einen kommt falsche Bescheidenheit schlecht an, wie eine Studie der Harvard Business School nachweist: Wer sich schlechtredet, obwohl er etwas kann, wird als unsympathisch wahrgenommen.[37]

Zum anderen: Wer hört gern eine »dumme Idee«? Wer schenkt sein Ohr gern etwas Banalem oder Bekanntem? Wir alle sind scharf auf neue, spannende Gedanken. Die Ironie besteht darin, dass nette Menschen nach solchen Einleitungen oft etwas wirklich Spannendes sagen. Aber wer hört dann noch zu?

Die Ideen der Netten gehen unter oder werden geklaut. Andere Sitzungsteilnehmer verkaufen den Einfall später als ihren eigenen – und dieselbe Runde, die erst nicht reagiert hat, spendet nun tosenden Verbal-Applaus. Entscheidend ist nicht, was Sie sagen, sondern wie. Und die Einleitung gibt die Tonlage vor. Gute Selbstverkäufer kündigen ihre Idee zum Beispiel so an:

- »Ich habe da eine Idee, mit der wir gleich zwei Probleme auf einen Schlag lösen können …«
- »Ich glaube, wir haben einen ganz wichtigen Aspekt bislang übersehen …«
- »Gerade kommt mir ein Gedanke, der uns vorwärtsbringen kann …«

Machen Sie anderen den Mund auf Ihre Idee wässrig? Oder fahren Sie mit dem Tiefstapler vor? Und wenn ja, warum relativieren Sie eigene Ideen?

In der Beratung höre ich zum Beispiel: »Ich fände es peinlich, einen großen Wurf anzukündigen – und es wird ein Rohrkrepierer.« Ebenso häufig ist die Sorge: »Ich will meine Idee ja nicht über die der anderen stellen.«

Die Bescheidenheit der Netten hat zwei Wurzeln: Selbstzweifel und Rücksichtnahme. Aber wo bleiben die Selbstzweifel derjenigen, die mit ihren banalen Gedanken das Meeting dominieren und niemals eine Idee relativieren?

Ich wette, Ihre Latte hängt zu hoch. Je mehr es Ihnen gelingt, sich selbst von Ihren eigenen Gedanken zu überzeugen, desto eher überzeugen Sie andere. Sofern Sie mit einem spannenden Einstieg starten.

5. Lob kleinreden

Ihr Chef sagt zu Ihnen: »Das war eine vorzügliche Leistung, vielen Dank.« Können Sie diese Würdigung freudig annehmen? Oder ist es Ihnen peinlich, gelobt zu werden, erst recht öffentlich? Kann es sogar passieren, dass Sie widersprechen: »Das war kein großes Ding.«? Oder: »Ich hab nur meinen Job gemacht.«?

Oder gar: »Ich fand's gar nicht so vorzüglich, ein paar Dinge hätten noch besser laufen können, und zwar …«?

Wenn ich nette Menschen frage, warum sie so reagieren, höre ich Antworten wie:

- »Es ist mir unangenehm, wenn ich für einen tollen Hecht gehalten werde. Schließlich bin ich kein Angeber.«
- »Ich will meinen Kollegen ja nicht die Schau stehlen – die leisten auch gute Arbeit.«
- »Ich will mit beiden Beinen auf der Erde bleiben. Ich mag es nicht, wenn mich jemand in den Himmel lobt.«

Aber was passiert, wenn Sie Komplimente ständig zurückweisen? Sie riskieren, dass Ihr Chef sich fragt, ob sein Kompliment tatsächlich übertrieben war. So färbt Ihre kritische Selbstwahrnehmung auf Ihr Außenbild ab. Und das höchst ungünstig, zum Beispiel mit Blick auf Ihre nächste Gehalts- oder Beförderungs-Verhandlung.

Klüger ist folgendes Verhalten: Lassen Sie eine positive Rückmeldung auf sich wirken, genießen Sie den Moment, zeigen Sie Ihre Freude darüber – und bedanken Sie sich bei Ihrem Gesprächspartner.

In ihrem Buch »Das Charisma-Geheimnis« beschreibt die Autorin Olivia Fox Cabane, wie ein Freund von ihr im Flur der Google-Zentrale zufällig Bill Clinton begegnete, dem Ex-Präsidenten der USA. Fast wäre der Freund vor Ehrfurcht erstarrt, doch dann sagte er: »Ehm, danke für den Dienst, den Sie diesem Land erwiesen haben.«

Die Reaktion Clintons ist spannend: »Er blieb stehen und

schien einen Moment zu überlegen, als sei ihm dieser Gedanke noch nie in den Sinn gekommen. Dann schien er das Kompliment sich setzen zu lassen, als wäre es das Netteste, was er je zu hören bekommen hatte. Er ließ die Schultern sinken, brach in dieses breite Heureka-Lächeln aus und reagierte, als sei er der Indianer und ich der Häuptling: ›Oh, war mir eine Ehre.‹«[38]

Dieses Beispiel zeigt, wie Sie *bescheiden* ein Kompliment annehmen können. Clintons Gesprächspartner war tief beeindruckt, denn offenbar hatte sein Kompliment den Ex-Präsidenten berührt. Wer dagegen positive Feedbacks zurückweist, macht sich unnötig klein – und stößt den Absender des Lobs vor den Kopf.

6. Zu wenig Gegenwind erzeugen

Wie reagiert Lydia Satin in der Gehaltsverhandlung auf das mickrige Angebot ihres Chefs? Mit einem Dankeschön – und nur vorsichtigem Widerspruch. Nette Menschen hassen es, Gegenwind zu erzeugen. Sie vermeiden es, ihre Enttäuschung offen zu zeigen. Sie wollen ihr Gegenüber nicht in eine unangenehme Situation bringen.

Aber haben Sie je überlegt, warum Ihnen Ihr Verhandlungspartner entgegenkommen sollte, solange er sich in einer angenehmen Situation befindet? Das ist so, als wenn jemand nachts in seinem bequemen Bett unter der warmen Decke liegt. Ohne Not wird er nicht aufstehen. Aber sobald der Feuermelder anspringt, schießt er hoch. Wer Alarm schlägt und die Dringlichkeit seines Anliegens deutlich macht, erreicht deutlich mehr.

Ich kenne einen erfahrenen Gewerkschafter, der mit großem Erfolg so verhandelt: Wann immer ihm die Arbeitgeber-Seite ein Angebot unterbreitet, zuckt er zusammen, als habe man ihn beschimpft. Manchmal schlägt er sich die Hand vor den Mund, schüttelt ungläubig den Kopf oder stöhnt wie ein Kugelstoßer. Seine Augen reißt er weit auf, als könnte er nicht glauben, was er da gerade gehört hat.

Seine komplette Körpersprache sendet nur ein Signal: »Ich bin entsetzt über dieses Angebot! Es liegt so weit unter meinen Vorstellungen, dass wir gar nicht zu diskutieren brauchen.«

Nun passiert etwas Verblüffendes: In acht von zehn Fällen muss er kein Wort sagen, denn die Gegenseite hält seine Reaktion nicht aus – und legt ein besseres Angebot nach. Er bringt die anderen dazu, gegen sich selbst zu verhandeln.

Dieser Gewerkschafter hält es aus, dass er mit seiner Reaktion ein schlechtes Gewissen schürt. Und er erlaubt es sich, seine negativen Gefühle über die tatsächlich meist mageren Angebote körpersprachlich rauszulassen. Diese Methode hat in der Verhandlungspsychologie einen Namen: »Flinch«, das englische Wort für »Zucken«. Verhandlungsprofis reagieren aufs erste Angebot grundsätzlich so schockiert, unabhängig von der Höhe.[39] Sie gehen (meist zu Recht) davon aus, dass der erste Vorschlag nur einen Teil des Spielraums nutzt – und dass noch viel Luft nach oben ist.

Eine zweite Verhandlungsmethode ist der »Crunch«, das englische Wort für »Knirschen«. In diesem Fall lehnen Sie ein Angebot ab, knapp und in deutlichen Wort: »Das ist zu wenig. Darauf kann ich mich nicht einlassen.« Dieser klare Standpunkt macht dem Verhandlungspartner Feuer: Entweder gibt er nach – oder die Verhandlung kann scheitern. Erstaunlich oft legt er jetzt noch eine große Schippe drauf. Dagegen würde ein halbherziger Widerspruch (»Eigentlich habe ich mehr erwartet«), wie ihn nette Menschen oft vorbringen, wirkungslos verpuffen.

Nette Menschen neigen dazu, Konflikte und Machtkämpfe zu scheuen. Aber wer seinen Hut nicht in den Ring wirft, hat den Kampf schon verloren! Nach einer Studie der Universität München tappen vor allem Frauen in die »Freundlichkeitsfalle«. Sie werden unterschätzt, gelten als wenig durchsetzungsfähig und kommen deshalb sogar in weiblich dominierten Branchen, etwa der PR, seltener an die Spitze als Männer.[40]

Aber wie schaffen Sie es, für Ihre Interessen zu kämpfen? Indem Sie sich klarmachen, dass ein faires Ergebnis beiden Seiten dient. Wenn Sie sich dagegen mit einem mickrigen Resultat zufriedengeben, wiegt sich der andere in einer falschen Sicherheit. Zum Beispiel denkt Ihr Chef, Sie seien mit einer mageren Gehaltserhöhung zufrieden – während Sie heimlich nach einem höher dotierten Job suchen.

Wer sagt, was er wirklich will, verhält sich loyal. Er gibt dem anderen die Chance, diese Forderung zu erfüllen.

7. Sich selbst vernachlässigen

Ich kenne eine nette Einzelhandelskauffrau, die sich in ihrer Freizeit für eine Tafel engagiert und arme Menschen mit Lebensmitteln versorgt. In dieser Funktion klappert Elvira Faun (48) die Supermärkte der Region ab, verhandelt mit Geschäftsleuten und holt Lokalpolitiker ins Boot. Ihre Forderungen bringt sie standhaft und mit Nachdruck vor.

Elvira Faun ist eine kämpferische Anwältin der Armen – aber ihre eigenen Interessen vertritt sie miserabel, sie sagt: »Es fällt mir leicht, mich für andere einzusetzen. Da finde ich sofort die richtigen Worte. Aber wenn ich für mich selber kämpfen müsste, stehe ich auf dem Schlauch. Ich schlucke meinen Ärger runter. Oder komme mir egoistisch vor.«

So geht es vielen netten Menschen: Sich für andere engagieren, das können sie. Aber nicht für sich selbst. Dann tragen sie Bremsschuhe aus ihrer Kindheit: Sei bescheiden! Nimm dich nicht so wichtig! Spiel dich nicht immer in den Vordergrund!

An ihrem Arbeitsplatz schafft Elvira Faun es nicht, Überstunden abzulehnen. Ihr Gehalt tritt seit Jahren auf der Stelle. Und im Vergleich zu den Kolleginnen arbeitet sie zu viel. Sie ist es, die jeden Abend als Letzte geht und den Laden abschließt. Der Inhaber des Fachgeschäftes zeigt sich dafür dankbar, wenn auch nur verbal: »Auf Sie kann ich mich zu 100 Prozent verlassen.«

Mittlerweile steht sie kurz vor einem Burnout (weshalb sie zu mir in die Beratung kam). Ich habe ihre Situation in einem Bild gespiegelt: »Bevor ein Flugzeug startet, sagen die Stewardessen doch immer: Ziehen Sie im Notfall zuerst Ihre eigene Sauerstoffmaske über, ehe Sie anderen helfen. Ich habe das Gefühl, Sie helfen anderen, ohne selbst genug Luft zu bekommen.«

Sie grübelte und antwortete: »Sie wollen damit sagen, dass die Leute meiner Tafel auch nichts mehr von mir haben, wenn ich zusammenbreche?«

Genau! Nur wer sich um die eigenen Bedürfnisse kümmert, hat dauerhaft genug Kraft, für andere zu sorgen. Es ist nicht egoistisch, sich selbst wichtig zu nehmen, sondern sozial. Wie sagt schon die Bibel: »Liebe deinen Nächsten wie dich selbst.« Die zweite Hälfte des Satzes wird viel zu oft überhört.

In der Beratung trainierte ich mit Elvira Faun neue Glaubenssätze (siehe ab Seite 119). Jedes Mal, wenn sie etwas für sich forderte, dachte sie nun: »Es ist gut, dass ich diese Sauerstoffmaske aufsetze. Das tu ich nicht nur für mich, sondern auch, damit ich den anderen weiterhin helfen kann.« Mit dieser Annahme entwickelte sie jene Kraft, die sie bislang nur für andere aufbrachte, in eigener Sache. Das erste Ergebnis war ein um elf Prozent höheres Monatsgehalt.

8. Aus schwierigen Situationen flüchten

Ist Ihnen aufgefallen, wie schnell sich Lydia Satin in ihrer Gehaltsverhandlung abspeisen lässt? Statt die Argumente ihres Chefs zu kontern, nimmt sie diese hin und gibt nach. Und warum? Weil ihr angespannte Situationen zuwider sind, egal ob Konflikte, Verhandlungen oder Kritikgespräche.

Drei Reaktionen aus grauer Vorzeit sind in unserem Stammhirn gespeichert und kommen heute noch zum Einsatz – wie damals, als der Säbelzahntiger aus dem Gebüsch brach:[41]

- *Reaktion 1:* Wir gehen auf die Gefahr zu und suchen den Kampf.
- *Reaktion 2:* Wir erstarren, um die Gefahr, sprich den Angriff, abzuwenden.
- *Reaktion 3:* Wir nehmen die Beine in die Hand und fliehen, um die Gefahr hinter uns zu lassen.

Die Kampfreaktion hätte bedeutet: Lydia Satin bietet ihrem Chef die Stirn, beharrt auf ihrer Forderung, konfrontiert ihn mit Gegenargumenten. Doch wer kämpft, kann verlieren. Deshalb fühlt es sich für sie riskant an, auch egoistisch – sie wird bezahlt, um Probleme ihres Chefs zu lösen, statt ihm welche zu machen.

Unbewusst zieht sie die Erstarrungs-Reaktion vor: Sie nimmt nahezu unwidersprochen hin, was ihr Chef sagt und anbietet – als hätte sie es mit einem Raubtier zu tun, das durch Gegenwehr provoziert und noch gefährlicher werden könnte. Bloß keinen »Schlagabtausch« riskieren! Das klingt doch schon nach Schlägen.

Und auch die dritte Reaktion kommt zum Einsatz: Auffallend schnell, mit hörbarem Aufatmen, verlässt sie die Verhandlung. Was sie erleichtert, ist nicht das dürftige Verhandlungsergebnis – sondern die Tatsache, dass die Verhandlung vorbei ist. Sie flieht aus der Höhle des Löwen, atmet auf, bewegt sich wieder auf sicherem Gelände.

Egoisten haben längst erkannt, wie sie manipulieren können: *Setz die Netten unter Druck, sorg dafür, dass sie sich unwohl fühlen – und schon werden sie akzeptieren, was eigentlich inakzeptabel ist.* Genau nach diesem Muster agiert Lydia Satins Chef: Er macht ihr ein schlechtes Gewissen, spielt den Mann mit leeren Taschen und bedrängt sie mit seinem mickrigen Angebot, bis sie zustimmt.

Wie oft haben Sie in schwierigen Gesprächen schon Ja gesagt, nur um Ruhe zu haben? Wie oft haben Sie in Konflikten nachgegeben, nur um dem Streit zu entfliehen? Wie oft haben Sie sich zu Abschlüssen überreden lassen, und sei es nur zum Kauf eines Loses, weil Sie jemand unangenehm bedrängt hat?

Erst wenn Sie sich dieser Fluchtreaktion bewusst sind, können Sie sich für ein anderes Verhalten entscheiden – und den Ausbeutern einen dicken Strich durch die Rechnung machen. Denn: »Wer kämpft, kann verlieren. Und wer nicht kämpft, hat schon verloren.«

Meine Nettigkeits-Prüfung

Der arme Kaffee-Schlucker

Die Situation:
Wir schreiben das Jahr 1988, ich bin 18 Jahre alt, und es ist ein besonderer Tag: Frederic W. Nielsen, Schriftsteller und Hitler-Emigrant, hat mich eingeladen. Ein Leserbrief von mir hat ihm imponiert. Er möchte den jungen Schreiber kennenlernen. Für mich eine große Ehre, diesen Mann zu treffen, der Hitler schon 1933 als Katastrophe erkannt hatte, nach Prag auswanderte und von dort so mutig gegen die Nazis schrieb, dass er beim deutschen Einmarsch als Nummer 7 auf der Gestapo-Suchliste stand.

Er und seine Frau begrüßen mich herzlich. »Wie trinken Sie Ihren Kaffee?«, fragt mich Frau Nielsen und greift zur Kaffeekanne. Ich aber mag keinen Kaffee. Aus Höflichkeit sage ich: »Mit ganz viel Milch.« Es schmeckt fürchterlich.

Eine Woche später mein zweiter Besuch. Frau Nielsen schnappt die Kaffeekanne: »Ich weiß, Sie trinken ihn mit ganz viel Milch.« Die Kanne schwebt schon über meiner Tasse. Soll ich ehrlich sein und dementieren? Oder diplomatisch und zustimmen?

Übung: Wie hätten Sie an meiner Stelle reagiert?

Meine Reaktion: Ich will nicht zugeben, dass ich beim ersten Mal aus Höflichkeit geschwindelt habe. Oder bin im Kopf zu langsam. Also nehme ich erneut den Kaffee mit viel Milch an. Groteske Folge: Die nächsten Jahre trinke ich *immer* Kaffee, wenn ich bei Nielsens zu Besuch bin, ohne ihn jemals wirklich zu mögen. Je öfter ich es tue, desto weniger komme ich aus der Nummer raus.

Bewertung aus heutiger Sicht: Ich hätte von Beginn an die Wahrheit sagen sollen: »Danke, dass Sie mir Kaffee anbieten. Nur trinke ich alles andere lieber. Zum Beispiel Wasser. Oder Milch.« Oder beim zweiten Besuch: »Dass ich letztes Mal Kaffee getrunken habe, war die große Ausnahme. Lieber trinke ich …«

Kommentar: Höflichkeit gegenüber anderen besteht *nicht* darin, alles zu schlucken, sondern die eigenen Bedürfnisse *ehrlich* mitzuteilen. Nur dann sind sie erfüllbar.

Die Nettigkeits-Falle: Nette Menschen empfinden die eigenen Wünsche schnell als »Extrawürste«, mit denen sie den anderen Schwierigkeiten bereiten. Dabei sind es wichtige Bedürfnisse. Und wer Dinge hinnimmt, die ihm nicht behagen, schadet sich selbst.

Meine Lehre: Wenn du es verpasst, jemandem sofort zu sagen, was du willst oder nicht, sag es ihm später. Jeder Zeitpunkt ist besser als nie.

3 Das Nettsein in der Muttermilch

In diesem Kapitel erfahren Sie …

- mit welchen Tricks Ihr Gehirn Sie zur Nettigkeit verführt,
- wie Ihre Kindheit Sie bis heute steuert, ohne dass Sie es merken,
- wie ein Speicheltropfen einen erwachsenen Mann völlig aus der Bahn warf und
- warum es nicht egoistisch ist, für eigene Interessen einzutreten, sondern sozial.

Warum mache ich den Mund nicht auf?

»Wenn ich in Gruppen bin, ist das immer ein Eiertanz«, erzählte Bianca Löffler (44). »Neulich war eine Fete bei unseren Nachbarn. Da stand ich den ganzen Abend lang in einer Runde, die über Politik diskutierte. Ich war oft anderer Meinung, doch ich habe genickt und meine Gedanken für mich behalten.«

»Waren die anderen denn auch so zurückhaltend?«, fragte ich.

»Ganz im Gegenteil! Ein Geschäftsführer mit dicker Uhr am Arm hat gegen die Vermögenssteuer gewettert. Ich fand das extrem peinlich.«

»Aus welchem Grund?«

»Er tat so, als wäre diese Steuer schlecht für die Gesellschaft. Dabei wäre sie nur schlecht für ihn persönlich.«

»Ist es nicht sein gutes Recht, dass er seine Interessen vertritt?«

»Aber doch nicht so plump! Gern hätte ich ihm widersprochen. Doch ich habe die Runde taxiert und mich gefragt: Wer ist wohl gegen eine Vermögenssteuer, wen bringe ich gegen mich auf? Am Ende blamiere ich noch meine Nachbarn, die mich eingeladen haben.«

»Gab es weitere Gedanken, die Sie vom Sprechen abgehalten haben?«

Sie legte das Kinn in ihren Handteller und grübelte einen Moment. »Ich dachte: ›Setz dich bloß nicht in die Nesseln, du hast von Politik doch keine Ahnung! Der Typ sieht aus, als könnte er keinen Widerspruch vertragen. Spiel hier nicht die Sozialpolizei, sonst halten sie dich für eine Querulantin.‹«

»Ein Teil von Ihnen wollte aufbegehren, ein anderer hat Sie zurückgehalten?«

»Ja, und jetzt fällt mir der wichtigste Gedanke wieder ein: ›Du musst nicht zu allem deine Meinung sagen!‹«

»Ist diese Botschaft neu? Oder haben Sie das früher schon mal gehört?«

»›Mal gehört‹ ist gut. Meine Mutter hat diesen Satz *dauernd* zu mir gesagt. Ich war ein vorlautes Kind.«

»Wie sind Ihre Eltern damit umgegangen, wenn sie Sie für ›vorlaut‹ hielten?«

»Sie haben geschimpft, wenn ich ungefragt meinen Senf dazugab. Ich höre meine Mutter noch sagen: ›Besser wirst du für dumm gehalten, während du schweigst – als dass du den Vorwurf durch dein Geplapper bestätigst.‹ Mit den Jahren war ich dann weniger vorlaut.«

»Hätten Sie sich vorstellen können, zur Party Ihrer Nachbarn in Ihrem alten Baby-Strampelhöschen zu gehen? Und mit einer Rassel in der Hand?«

Sie schaute mich befremdet an. »Worauf wollen Sie hinaus?«

»Die Kleidung und das Spielzeug Ihrer Kindheit haben Sie abgelegt – das passt nicht mehr zu Ihnen, Sie sind erwachsen. Aber das Verhalten des Kindes am Esstisch, das die anderen nicht stören darf – das tragen Sie offenbar noch mit sich herum.«

Sie kratzte sich am Ohr. »Hat das wirklich mit der Kindheit zu tun? Ich wollte in diesem Party-Gespräch doch nur höflich sein.«

»War es denn höflich, Ihren Gesprächspartnern Zustimmung zu signalisieren, obwohl Sie anderer Meinung waren? Und war es höflich gegenüber Ihnen selbst, dass Sie Ihre Meinung unterdrückt haben?«

»Wenn ich meine Meinung sage, fürchte ich Ärger. Auch bei der Arbeit und in der Familie halte ich mich zurück. Manchmal will ich was sagen, aber es ist, als hielte mir jemand den Mund zu.«

»Vielleicht ist das Ihr innerer Kritiker. Er bildet das Echo all der Bremssätze, die wir in unserer Kindheit gehört haben. Er hat solche Macht, weil er unseren Kopf betritt, ohne anzuklopfen. Er steuert uns, ohne dass wir es merken.«

»Aber wie bemerke ich diesen inneren Kritiker, ehe ich den Mut schon verloren habe?«

»Seien Sie wachsam, wenn Sie sich plötzlich unwohl fühlen, ohne offensichtlichen Anlass. Fragen Sie sich: Hat sich der innere Kritiker in meinen Kopf geschlichen? Und was genau flüstert er mir ein?«

»Und dann?«

»Begrüßen Sie ihn. Geben Sie ihm einen Namen, nennen Sie ihn zum Beispiel ›Mauli‹. Also: ›Hallo, Mauli – was machst du schon wieder hier?‹«

»Und was soll das bringen?«

»Innere Distanz, denn Sie erkennen: Diese Stimme *bin* nicht ich – diese Stimme ist nur ein Teil von mir, der Mauli. Dann nehmen Sie das Gesagte nicht mehr als absolute Wahrheit hin, sondern können es kritisch prüfen.«

»Geben Sie mal ein Beispiel, wie das im Alltag laufen soll.«

»Angenommen Ihr Mauli flüstert: ›Sag vor der Gruppe bloß nichts Falsches, sei still!‹ Dann beginnen Sie einen inneren Dialog mit ihm: ›Was heißt nichts Falsches? Eine Meinung kann nicht falsch sein, sie kann nur von anderen Meinungen abweichen. Das riskiere ich!‹ Vielleicht antwortet Ihr Mauli: ›Du wirst dich tödlich blamieren, warte ab!‹ Und Sie entgegnen: ›Und wenn schon – davon geht die Welt nicht unter. Aber vielleicht überzeuge ich die anderen auch.‹ Diesen inneren Dialog führen Sie fort, bis Sie einen eigenen Standpunkt entwickelt haben. So unterbrechen Sie den Autopiloten und handeln nicht als ängstliches Kind, sondern als reife Erwachsene.«

Wie sieht es bei Ihnen aus? Welche innere Stimme plappert Ihnen im Alltag dazwischen? In welchen Situationen werden Sie von ihr zurückgepfiffen? Und was genau sagt sie? Kann es passieren, dass diese Stimme Sie sogar beschimpft: »Wie blöd bist du denn?« oder »Dieser Fehler ist wieder typisch für dich!«

Nutzen Sie den Dialog mit dem inneren Kritiker. Ziehen Sie Ihrem »Mauli« seine Tarnkappe vom Kopf, laden Sie ihn zu einem konstruktiven Dialog ein. Je bewusster Sie mit Bremssätzen umgehen, desto selbstbewusster können Sie leben – statt in den Mustern Ihrer Kindheit festzustecken.

Wenn Bedürfnisse unterm Radar fliegen

Stellen Sie sich vor, Sie fahren mit Tempo 150 über die Autobahn und setzen zu einem Überholmanöver an – da springt in Ihrem Wagen ein rotes Warnlämpchen an: »Reifendruck stark abgefallen!« Rasen Sie weiter? Nein, Sie fahren rechts ran und checken Ihre Reifen. Ihnen ist klar, dass das Warnsignal einen Zweck erfüllt – und dass es lebensgefährlich sein könnte, es zu ignorieren.

Doch dieselben Menschen, die Signale ihres Autos ernst nehmen, ignorieren die Warnsignale ihrer eigenen Psyche. Sie drängen ihren Frust beiseite, ignorieren ihre Wut, reden ihre Unzufriedenheit schön und leugnen ihre Angst. Sogar über die Bedürfnisse ihres Körpers gehen viele nette Menschen hinweg:

- Ihren Hunger und Durst blenden sie aus, wenn sie sich in einer Gruppe befinden. Sie essen und trinken erst, wenn die anderen es auch tun.
- Ihr Bedürfnis, zur Toilette zu gehen, unterdrücken sie – wenn es ihnen in einer Runde unpassend erscheint.
- Ihre Müdigkeit nehmen sie nicht ernst, und sogar starke Kopfschmerzen ignorieren sie – wenn sie das Gefühl haben, sie würden andere damit belasten oder belästigen.

Das Bedürfnis, es den anderen recht zu machen, schlägt die eigenen Bedürfnisse. Typisch ist diese Aussage einer netten Projektleiterin in der IT-Branche:

»In meiner Arbeitsgruppe registriere ich jeden Gesichtsausdruck um mich herum. Wenn jemand mit dem Mundwinkel zuckt, frage ich ihn: ›Stört dich noch etwas an unserer Lösung?‹ Ich lasse jeden Kritiker zu Wort kommen, höre zu und bin aufmerksam. Ich will es allen recht machen, den ganzen Tag lang, bin hellwach und konzentriert. Aber nach Feierabend sacke ich regelrecht in mich zusammen. Erst dann merke ich, dass ich todmüde und innerlich leer bin. Ich habe mich so viel darum gekümmert, wie es den anderen geht, dass ich auf mich selber nicht geachtet habe.«

Weil sie es für geboten hält, wach und aufmerksam zu sein, tritt sie so auf – auch wenn sie todmüde ist. Sie meint, diese Konzentration den anderen zu schulden. In der Beratung kam ein Glaubenssatz ans Licht, den ihr die Eltern eingebläut hatten: »Hör anderen gut zu! Man schläft noch genug, wenn man tot ist.« Dieses Motto lebt sie bis heute – und übersieht die eigenen Bedürfnisse.

Aber wie wollen Sie sich um Ihre eigenen Bedürfnisse kümmern, ohne sie zu kennen? Wie wollen Sie Ihren Willen erfüllen, wenn er sich stets den anderen unterordnet? Der Weg aus der übertriebenen Nettigkeit ist ein Weg zu mehr Bewusstheit. Je besser Sie sich kennen, desto besser können Sie sich um sich kümmern. Bitte stellen Sie sich folgende Fragen:

- Inwieweit weiß ich in jeder Minute meines Tages, was ich gerade fühle? Bin ich ganz bei mir, habe ich alle (Sinne) beisammen?
- Wie oft weiß ich, wenn ich etwas tu, warum ich es tu – welcher Impuls die Handlung auslöst, welches Ziel ich verfolge?
- Wie oft achte ich darauf, ob mein Reden und Tun mit dem übereinstimmt, was ich denke und fühle?
- Inwiefern frage ich mich vor jeder Begegnung mit anderen Menschen, was ich wirklich von ihnen will und wie meine Ziele aussehen?
- Wie oft passiert es, dass ich mein Wollen durch ein Sollen ersetze? Dass ich nicht tu, was ich für stimmig halte, sondern was andere von mir erwarten?
- In welchen Situationen bin ich der Drehbuchautor meines Lebens? Und wann nur ein Schauspieler, dessen Skript von anderen geschrieben wurde?

Ein Gedanke, für den Sie sich entscheiden, ist ein Freund: Er hilft Ihnen im Leben weiter. Dagegen kann eine automatisierte

Kognition für mentale Unfälle sorgen. Sie bremsen sich selber aus, unterdrücken Wünsche und gehen zu hart mit sich selbst ins Gericht.

Zum Beispiel habe ich einen erfolgreichen Politiker beraten. Er hatte sich ein Direktmandat im Landtag erarbeitet, war in seiner Fraktion ein gefragter Fachpolitiker und leitete sogar einen Ausschuss. Alles, was er anpackte, schien zu gelingen. Bis er zu mir in die Beratung kam, hatte ich ihn nur aus den Medien gekannt: als Erfolgstypen.

Aber dann erfuhr ich, wie er sich wirklich fühlte: als Versager. Weil er nur Landespolitiker war – und im Bund nichts zu melden hatte. Weil er nur Abgeordneter war – aber nicht Ministerpräsident. Weil er nur seine Diäten verdiente – aber nicht das Gehalt eines Top-Managers.

Objektiv war er höchst erfolgreich. Aber sein eigenes Denken stempelte ihn zum Gescheiterten. In der Beratung kam heraus, dass seine Eltern ihn zu Höchstleistungen angespornt hatten. Stets wurde er an anderen gemessen, die ihm weit voraus waren:

- »Du hättest in dem Test mehr als die 1,5 erreichen können. Heiko von nebenan hatte eine 1,0, er lernt einfach mehr als du.«
- »Hast du gehört, wie Marie bei der Schulfeier am Klavier gespielt hat? Du musst noch mehr üben!«
- »Dein Englisch ist noch ausbaufähig. Warum liest du keine englischen Kinderbücher wie dein Bruder?«

Er brachte gute Leistungen, aber bekam das Gefühl vermittelt: »Da geht noch mehr!« Nie konnte er die Ansprüche erfüllen, immer fühlte er sich durch Vergleiche kleingemacht. Die Eltern verfolgten eine positive Absicht, sie wollten ihn anspornen. Doch das Gefühl, schlechter als andere zu sein, begleitete ihn bis ins Erwachsenenalter:

- Wenn er eine Rede hielt, die von seinen Fraktionskollegen bejubelt wurde, sagte eine Stimme in seinem Kopf: »Die klatschen nur aus Höflichkeit, du hast sie gelangweilt! Der Fraktionschef hat zweimal während deiner Rede auf sein Handy geschaut!«
- Wenn er an einem Wahlstand zehn Stunden mit Passanten sprach, bekam er abends im Bett von sich selbst zu hören: »Dein Konkurrent steht immer zwei Stunden länger auf der Straße!«
- Und wenn ihm seine Frau Komplimente machte, wie weit er es in der Politik gebracht hatte, zischte es in seinem Kopf: »Du bist ein unbedeutender Landespolitiker – deine Partei-Elite sitzt in Berlin!«

Aber er war sich dieses Vorgangs *nicht* bewusst: »Aha, da meldet sich wieder mein Mauli zu Wort – ich prüfe mal, was davon stimmt und was total übertrieben ist.« Nein, er nahm diese Einflüsterungen als Realität hin. In seinem Kopf fand ein inneres Gerichtsverfahren statt. Und weil nur die Anklage sprechen durfte, nicht aber die Verteidigung, verlor er jedes Mal und sprach sich schuldig.

Wie gut sind Sie in Kontakt mit Ihrem Inneren? Nehmen Sie wahr, was in Ihrem Kopf so alles geflüstert wird? Kennen Sie Ihre uralten Gedanken aus der Kindheit? Das ist so wichtig, weil jeder Gedanke ein Gefühl erzeugt. Und diese Gefühle bestimmen Ihr Handeln. Und beides zusammen, Fühlen und Handeln, bestimmt die Qualität Ihres Lebens.

Ist Ihr Gehirn ein Trickbetrüger?

Warum kam der Politiker nicht auf die Idee, dass er sich mit seinem Anspruchsdenken überforderte? Warum ignorierte die Projektleiterin ihre eigenen Bedürfnisse? Und was verleitet Sie dazu, sich Dinge gefallen zu lassen, die Ihnen nicht gefallen? Warum rutscht Ihnen ein Ja über die Lippen, obwohl Sie Nein meinen?

In vielen Fällen leuchtet Ihr inneres Warnlämpchen auf, aber Sie nehmen es nicht zur Kenntnis. Woran das liegt? An psychischen Abwehrmechanismen, wie sie Anna Freud, die Tochter des großen Psychoanalytikers, aufgedeckt hat.[42] Eine innere Instanz sorgt dafür, dass Sie Ängste und Bedenken übersehen und Ihr eigenes Verhalten als stimmig betrachten, auch wenn es Ihnen schadet. Es ist ein kindliches Verhalten: Sie machen sich die Welt, wie sie Ihnen gefällt, um sich einen Konflikt zu ersparen, eine unbequeme Entscheidung, ein hartes Aufschlagen in der Wirklichkeit. Dabei ist die bewusste Angst ein wichtiges Korrektiv, das uns erst befähigt, eine Situation richtig einzuschätzen.[43]

Wenn Sie die psychologischen Abwehrmechanismen kennen, kommen Sie sich selber auf die Schliche und können Ihr Verhalten künftig besser steuern. Ein konkretes Beispiel wird Ihnen helfen, diese Mechanismen zu verstehen: Stellen Sie sich vor, dass Sie zu einer Party Ihres Chefs eingeladen werden, aber partout keine Lust haben. Sie spüren, dass Sie erschöpft sind und Ihre

Erholung brauchen. Außerdem steht ein wichtiger privater Termin an. Dennoch sagen Sie Ihr Kommen zu. Und das kann an diesen Abwehrmechanismen liegen:

- *Rationalisierung*

  Sie kleben die Argumente Ihres Verstandes über das Warnlämpchen des Gefühls, bis Sie sein Leuchten nicht mehr sehen.

  Zum Beispiel reden Sie sich ein: »Das ist eine große Chance für meine Karriere, die mir mein Chef da bietet. Keinesfalls darf ich ihn mit einer Absage vor den Kopf stoßen und gegen mich aufbringen. Durch mein Erscheinen bei der Party kann ich bei ihm punkten und mein Netzwerk ausbauen. Alle Argumente sprechen dafür, dass ich hingehe.«

  Fazit: Sie pinseln ein Handeln, das Ihnen widerstrebt, mit den Farben der Logik an – als wäre es alternativlos. Sie bagatellisieren Ihre Gefühle, das macht sie gefährlich wie einen Schwelbrand. Ein solches Verhalten kann auf Dauer zu Burnout oder Depression führen.

  Emotionale Unfreiheit besteht nicht nur darin, dass jemand von seinen Gefühlen überrollt wird, sondern auch darin, dass er sie unterdrückt und filtert.[44]

- *Verdrängung*

  Sie pressen Ihren Wunsch, die Party zu vermeiden, unter die Oberfläche Ihres Bewusstseins. Damit ist Ihr Bedürfnis erst mal von der Bildfläche verschwunden. Doch es strebt nach oben. Und oft kommt es überraschend zum Vorschein.

  Zum Beispiel träumen Sie in der Nacht vor der Party davon,

dass Sie dort für einen Skandal sorgen – etwa Ihren Chef in den Swimmingpool stoßen. *(Sie erlauben sich im Traum, was Sie sich in der Wirklichkeit versagen: Ihren Chef zurückzuweisen.)* Oder Sie werden kurz vor der Party von mächtigen Kopfschmerzen heimgesucht. *(Ihr Unbewusstes probiert, die körperliche Notbremse zu ziehen, um Sie von der Teilnahme an der Party abzuhalten.)* Oder Sie wollen jemandem sagen, dass Sie sich auf die Party »freuen« – aber verwenden versehentlich das Wort »scheuen«. *(Ihre verdrängten Gefühle schmuggeln sich durch einen freudschen Versprecher wieder auf die Bühne.)*
Fazit: Die Gefühle und Gedanken, die Sie nicht zulassen, proben den Aufstand: Sie suchen sich andere, heimliche Wege, um Sie zu beeinflussen.

- *Projektion*
Sie übertragen Ihre eigenen Empfindungen auf einen anderen Menschen. Zum Beispiel schreiben Sie ihm Wünsche zu, die Ihre eigenen sind, Eigenschaften, die Sie an sich nicht mögen, oder Bedürfnisse, die Sie sich selbst nicht zugestehen.
Im Fall der Party könnten Sie als sehr empathischer Mensch denken: »Mein Chef wäre unheimlich enttäuscht, wenn ich nicht zu der Party käme. Er würde sich viele Gedanken machen, was mich davon abgehalten hat. Ob ich ihn nicht mag. Oder ob ich mit meiner Arbeit unzufrieden bin. Vielleicht wäre sein Abend verdorben. Und da ich beides nicht will – weder ihn belasten noch meine Karriere beschädigen –, gehe ich natürlich hin.«
Aber was, wenn Ihr Chef bei der Party Ihr Ausbleiben kaum bemerken würde? Wenn Ihr Fernbleiben für ihn keine Rolle

spielt? Wenn er bereit wäre, Ihre Entschuldigung im Vorfeld anstandslos zu akzeptieren?
Fazit: Das kritische Urteil über Ihr eigenes Verhalten hat nichts mit Ihrem Chef zu tun – aber sehr viel mit Ihnen selbst und Ihrem inneren Kritiker.

- *Identifikation*
  Sie schieben Ihre eigene Persönlichkeit in den Hintergrund, als wäre sie unwichtig, um sich mit etwas Größerem zu identifizieren: einer Person, einer Institution, einer Sache. Daraus beziehen Sie einen höheren Selbstwert.
  Zum Beispiel vertritt ein sehr erfolgreicher Kollege die Meinung: »Ich empfinde es als Ehre, dass ich zum kleinen Kreis der Mitarbeiter gehöre, die der Chef privat einlädt. Nie würde ich diese Chance sausen lassen.« Während Sie überlegen, die Party abzusagen, kommen Ihnen diese Worte in den Sinn. Und auf einmal ist Ihnen klar: Es wäre wahnsinnig, diese Gelegenheit zu verschenken. Der Kollege hat völlig recht, Sie müssen hin.
  Fazit: Sie löschen Ihre eigenen Bedürfnisse aus – und füllen das Vakuum mit der Meinung des geschätzten Kollegen. Am Ende glauben Sie, sich selbst für die Party zu entscheiden, spiegeln in Wahrheit aber nur fremde Gedanken wider.

- *Verleugnung*
  Sie umgehen die Konfrontation mit etwas Unangenehmem, indem Sie abstreiten, dass es überhaupt vorhanden ist – wie ein Kind, das beim Versteckspielen die Augen schließt und sicher ist: Nun sieht mich keiner mehr!

Zum Beispiel empfiehlt Ihnen ein Freund, anstelle der Party einen erholsamen Abend einzulegen: »Du wirkst in letzter Zeit immer total geschafft. Nie machst du vor 18 Uhr Feierabend. Ich bin in Sorge, dass du dich überforderst.« Aber Sie weisen alles zurück. Dass Sie geschafft sind? »Nur Frühjahrsmüdigkeit!« Dass Sie nie vor 18 Uhr Feierabend machen? »Das täuscht, ich stecke immer im Feierabendverkehr fest.« Die Sorge, dass Sie sich überfordern? »Total unberechtigt.«
Fazit: Sie belügen nicht in erster Linie Ihren Freund, sondern sich selbst. Sie leugnen Tatsachen, um sich unangenehme Konsequenzen zu ersparen.

- *Verschiebung*

Sie empfinden ein starkes Gefühl, lassen es aber nicht dort raus, wo es entstanden ist – sondern an anderer Stelle.[45]
Zum Beispiel macht es Sie insgeheim wütend, dass Ihr Chef Sie nach Feierabend beanspruchen will. Aber als netter Mensch zeigen Sie ihm das nicht direkt – er könnte ja schlecht über Sie denken oder mit eigener Aggression zurückschlagen.
Stattdessen verblüffen Sie Ihren Partner, der Sie an einem anderen Abend zum Essen einladen will, mit einer unangemessen aggressiven Reaktion: »Ist es denn nicht möglich, einfach mal Feierabend und keine Termine zu haben? Dauernd stellst du mir was in den Kalender!«
Fazit: Ihr verdrängter Wunsch, die Party abzusagen, ploppt hier, an vermeintlich weniger gefährlicher Stelle, an die Oberfläche: Eigentlich gilt das Nein nicht Ihrem Partner, sondern Ihrem Chef.

Entscheidend ist nicht die Realität, sondern das Bild, das Sie sich von ihr ausmalen. In der Akzeptanz- und Commitment-Therapie (ACT), die das Zulassen schmerzhafter Gedanken fördert, spricht man von einer »Fusion«. Die Geschichte, die Sie sich erzählen, ist von den Fakten nicht mehr zu trennen.[46]

Überlegen Sie: Welchen dieser Abwehrmechanismen, welche dieser Geschichten hätten Sie am ehesten verwendet? In welchen Situationen kommen sie sonst zum Einsatz? Und an welchen kleinen Signalen bemerken Sie, dass Sie die Augen vor Ihren Gefühlen verschließen und unstimmig handeln?

Angenommen Sie würden den Abwehrmechanismus rechtzeitig erkennen und hinterfragen: Inwieweit könnten Ihre Entscheidungen dadurch besser und Ihr Handeln stimmiger werden?

Wie stabil ist Ihr Selbstvertrauen?

Dass sie nicht einfordern, was ihnen zusteht, ist typisch für nette Menschen. Auf die Frage, warum sie sich zurücknehmen, rationalisieren sie oft:

- »Ich finde Höflichkeit im Umgang sehr wichtig.«
- »Ich meide grundsätzlich Konflikte, die sich nicht lohnen.«
- »Ich muss nicht immer mit dem Kopf durch die Wand, ich kann auch mal als Klügerer nachgeben.«

Der tiefere Grund ist ein Riss im Selbstvertrauen. Nette Menschen vermeiden, was ihnen Angst macht:

- Wer fordert, riskiert Ablehnung. Indem er zurücksteckt, umgeht er dieses Risiko.
- Wer den Wunsch eines anderen ablehnt, riskiert Liebesentzug. Indem er nachgibt, umgeht er dieses Risiko.
- Wer die eigene Leistung lobt, riskiert hohe Erwartungen. Indem er seine Erfolge relativiert, umgeht er dieses Risiko.

Ein Riss im Selbstvertrauen: Mit diesem Problem finden sich die Netten in überraschender Gesellschaft – mit den *betont* selbstsicheren Menschen. Warum betont einer seine Selbstsicherheit? Weil er Angst hat, dass sie übersehen wird. Die betont Selbstbewussten treten die Flucht nach vorne an:

- Sie fordern im Befehlston – weil sie fürchten, eine Bitte könnte sie als schwach entlarven und abgelehnt werden.
- Sie weisen Wünsche schroff zurück – weil sie fürchten, in einer sachlichen Diskussion unterlegen zu sein.
- Sie preisen ihre eigene Leistung in den höchsten Tönen – weil sie Kritik unterbinden und andere positiv beeinflussen wollen.

Eines verbindet Nette und betont Selbstbewusste: Sie wollen ihren Selbstwert »beweisen«. Wer es nötig hat, einen Beweis zu erbringen, fühlt sich angeklagt. Ohne Zeugen, die für ihn aussagen, ist er geliefert. Das macht ihn abhängig.

Der nette Mensch verhält sich sozial, nimmt sich zurück oder reißt sich in Stücke, damit die anderen ihn anerkennen. Dagegen spielt sich der vermeintlich Selbstsichere auf und drängt sich in den Mittelpunkt. Er braucht die Bewunderung der anderen.

Beide Versuche sind zum Scheitern verurteilt, denn ein Mensch kann von anderen nie in seinem Selbstwert bestätigt werden, solange er selbst nicht an diesen glaubt. Ein paar Beispiele:

- Karin, eine nette Sachbearbeiterin, zweifelt an ihren beruflichen Fähigkeiten, obwohl sie dem Chef und den Kollegen viel Arbeit abnimmt. Wenn sie gelobt wird, sagt sie: »Das war doch nichts Besonderes!« Oder: »Das hätten andere auch gekonnt.«
- Max kümmert sich rührend um seine pflegebedürftige Mutter bis zu ihrem Tod. Dafür lässt er seine Karriere ruhen. Doch als sich seine Familie dafür bedankt, sagt er: »Ich mache mir Vorwürfe, dass ich nicht noch mehr Zeit mit ihr verbringen konnte.«
- Jule nimmt sich immer Zeit für ihre beiden Kinder und übt mit ihnen vor jeder Klassenarbeit. Als ihr Sohn in Mathe dennoch eine Vier schreibt, versichert er der Mutter, dass es nicht an ihr liege. Doch sie nimmt alle Schuld auf ihre Kappe. Hätte sie nur mehr mit ihm geübt!

Wenn Sie sich einen Fehler ankreiden, was hilft es dann, dass alle Welt das Gegenteil behauptet? Sicher werden Sie denken: »Die anderen wollen mich nur trösten!« Oder: »Von außen versteht das keiner.« Jedenfalls gelingt es Ihnen, dass Ihre Zweifel die Anerkennung der anderen überwiegen.

Dieser Riss im Selbstvertrauen entsteht, wenn jemand von sich *nicht* sagt: »Ich bin ein kostbarer Mensch, weil es mich gibt!« Sondern: »Ich bin ein kostbarer Mensch, weil ich dieses und jenes leiste.« Im ersten Fall besitzen Sie einen Selbstwert, im zweiten Fall nur einen Leistungswert, so wie ein Arbeitnehmer, der seine Leistungen vergüten lässt. Wenn ein Mitarbeiter nichts mehr leistet, ist er nichts mehr wert. Und wird entlassen.

Wer gering von sich denkt, macht sich zum Bettler. Er hängt ab von der Zuneigung anderer und will sie sich »verdienen«, als wäre sie ein Gehalt. Und wie ein Mitarbeiter ein vorgegebenes Stellenprofil erfüllen muss, erfüllt er die vorgegebenen Erwartungen der anderen. Er tut, was andere wollen, und verdrängt, was er selber will.

Doch ein solcher »Selbstwert« gleicht einem Börsenkurs: Mal steigt er, mal stürzt er ab; der Gefühlscrash ist programmiert. Zum einen setzen Sie sich fremden Maßstäben aus: Wer garantiert Ihnen, dass Ihre gute Leistung nicht als »unzureichend« gesehen wird, nur weil jemand überzogene Ansprüche hat oder es böse mit Ihnen meint?

Außerdem schwankt Ihre Leistung tatsächlich: Mal brillieren Sie und machen alles richtig. Und mal greifen Sie daneben, und die Ergebnisse sind bescheiden. Sie dürfen nicht erwarten, dass Ihre Mitmenschen ununterbrochen Applaus spenden; es kann immer auch zu Buh-Rufen kommen.

Das wichtigste Urteil Ihres Lebens kommt nicht von außen – es ist jenes, das Sie selbst über sich fällen. Allein davon hängt Ihr Selbstwert ab: Akzeptieren Sie sich? Mögen Sie sich? Sind Sie mit sich befreundet? Lieben Sie sich sogar? Ein hohes Maß an Selbstakzeptanz macht Sie unabhängig von äußeren Urteilen und hilft Ihnen, Ihre Nettigkeit auf ein vernünftiges Maß zu dosieren.

Aber der Weg in diese mentale Unabhängigkeit ist von Hindernissen gesäumt – die meisten stammen aus der Kindheit.

Warum Sie bis heute ein Kind sind

Kann ein Baby es sich leisten, *nicht* zu schreien, wenn es Hunger hat – etwa aus Rücksicht auf die schlafenden Eltern? Nein, es schreit einfach, damit sein Hunger befriedigt wird. Es hält sich für den Nabel der Welt. Diese Ich-Bezogenheit sichert dem Kind sein Überleben. Sigmund Freud spricht von einem »primären Narzissmus«.[47]

Jeder von uns ist mit dem Selbstvertrauen zur Welt gekommen, dass er seine Bedürfnisse hinausschreien darf – und dass sie wichtig sind und befriedigt werden müssen. Es gab keine falsche Bescheidenheit, keine Selbstzensur, keine Fassaden.

Wer jedoch als erwachsener Mensch seine Bedürfnisse immer noch hinausbrüllt, ist in einen »sekundären Narzissmus« abgerutscht. Er sieht die Welt als Ort, dessen primäre Aufgabe darin besteht, seine Bedürfnisse zu erfüllen. Wir alle kennen solche Menschen. Es sind krankhafte Ichlinge.

Nette Menschen kämpfen mit dem umgekehrten Problem: Sie lassen dem logischen Schritt, sich nicht länger für den Mittelpunkt der Welt zu halten, einen unlogischen folgen; sie erklären die Menschen um sich herum für wichtiger. Sie lassen sich nicht mehr bedienen, sondern dienen anderen. Und dabei können sie schnell in den Tiefstatus, den Rang eines Dieners, abrutschen.[48]

Welche Rolle spielt die Sozialisation dabei? Ein Kleinkind wird dafür geliebt, dass es auf der Welt ist; die Liebe ist nicht mit einem Preisschild versehen. Das ändert sich, wenn das Kind etwas älter wird. Nun fühlt es sich geliebt, wenn es tut, was die Eltern wollen.

Ein kleines Kind glaubt seinen Eltern alles. Wenn die Eltern auf den Teller zeigen und sagen: »Das ist Brei«, dann ist das Brei. Wenn die Eltern auf den strahlenden Sommerhimmel zeigen und sagen: »Der ist blau«, dann ist der blau. Das Kind nimmt die Welt durch die Eltern wahr, etikettiert sie mit ihren Begrifflichkeiten. Wie sollte es das auch in Frage stellen?[49]

Dasselbe gilt für moralische Urteile. Wenn die Eltern ein Verhalten als »gut« bezeichnen, ist es gut. Und wenn sie es als »schlecht« bezeichnen, ist es schlecht. Eltern sind das Gesetz, ein Kind glaubt ihnen bedingungslos.

Zumal Rationalität bei Kindern wenig ausgeprägt ist. Um ihre Ängste einzudämmen, flüchten sie sich in ein magisches Denken: Sie gehen davon aus, durch ihr Verhalten die Welt steuern und Gefahren mindern zu können. Ich zum Beispiel hatte als Kind immer Angst, wenn ich in unseren finsteren Kartoffelkeller musste. Deshalb redete ich mir ein: Wenn du jede zweite Treppenstufe *nicht* berührst, lässt dich der Kellergeist in Ruhe! Und weil mir nichts passierte, wurde ich von Mal zu Mal sicherer: Es funktioniert!

Dieses »magische Denken« ist typisch für Kinder bis zum siebten oder achten Lebensjahr[50] Und wie ein Kind glaubt, nur das Auslassen einer Stufe halte das Gespenst ab, so glaubt es auch, den Zorn der Eltern unterbinden zu können, indem es lächelt, Ja sagt und die eigenen Wünsche unterdrückt. Wenn dieses Verhalten einmal geklappt hat, wiederholt das Kind es immer wieder, so wie ich mein Ritual im Keller.

Dass die Liebe der Eltern *nicht* (nur) vom eigenen Wohlverhalten abhängt, entgeht dem Kind. Es prägt sich ein, womit es den Eltern gefällt, das fühlt sich wie eine Lebensversicherung an.

Also tut es mehr davon. Und es spürt auch, womit es ihnen missfällt, das fühlt sich nach Lebensgefahr an. Also tut es weniger davon. Bloß nicht die Eltern erzürnen!

Zum Beispiel sagt die Mutter, wenn das kleine Kind brüllt: »Sei doch nicht so laut!« Nach ein paar weiteren Ermahnungen unterdrückt das Kind sein Brüllen. Die Mutter muss ihren Satz nicht mehr so oft sagen, »Sei doch nicht so laut!« ist jetzt im Kopf des Kindes gespeichert. In diesem Moment kommt der innere Kritiker zur Welt.

In der frühen Kindheit ist der »Mauli« ein strenger, aber guter Freund: Er beschützt uns, wenn wir allein die Welt erkunden. »Sei vorsichtig!«, sagt der Mauli, wenn das kleine Kind arglos auf eine Hauptstraße zuhüpft. »Überschätz dich nicht!«, sagt er, wenn es über einen breiten, tiefen Graben springen will. Und er sagt zu ihm: »Schau auf den Weg«, wenn es kurz davor ist, über einen Bordstein zu stolpern. Der Mauli schlägt zwei Fliegen mit einer Klappe: Er beschützt das Kind – und macht die Eltern zufrieden.

Doch im Laufe der Kindheit prasselt ein Hagel des Negativen auf uns ein, der weit über die Beschützer-Sätze hinausgeht: Pro Tag hört ein Kind laut einer britischen Studie 449 Botschaften, davon sind nur 37 positiv.[51] Bis ein Kind einmal gelobt wird, kann es neunmal kritisiert worden sein. Am laufenden Band heißt es:

- »Nein, das passt jetzt nicht!«
- »Lass das bitte bleiben!«
- »Sei nicht immer so ungeduldig!«
- »Denk nach, bevor du redest!«

- »Werd bloß nicht unverschämt!«
- »Halt dich jetzt mal zurück!«
- »Lernst du das denn nie?«
- »Wie konnte das nur passieren?«

Und da Erziehung ein Job ohne Feierabend ist und an die Nerven geht, rutschen sogar wohlmeinenden Eltern mal Sätze raus wie:

- »Du hast sie ja nicht alle!«
- »Bist du wirklich so blöd?«
- »Du bist bösartig, lass das!«
- »Du bist ja nicht ganz dicht!«
- »Du raubst mir den letzten Nerv!«
- »Du bist einfach ungeschickt.«

Das Kind wird mit seinem Verhalten gleichgesetzt. Weil es Blödes tut, *ist* es blöd. Weil es bösartig handelt, *ist* es bösartig. Weil es sich ungeschickt anstellt, *ist* es ungeschickt. Beim Kind bleibt hängen, dass es keine Fehler begeht, sondern *selbst* der Fehler ist. Und wird es durch sein alltägliches Versagen nicht dauernd in dieser Einschätzung bestätigt: wenn es nicht in die Hose machen soll, aber doch in die Hose macht; wenn es ruhig sein soll, aber doch wieder tobt; wenn es gute Noten schreiben soll, aber schlechte nach Hause bringt?

Je älter das Kind wird, desto weniger traut es seinen eigenen Gefühlen und Bedürfnissen. Zwar sagt sein Gefühl am Esstisch, dass es satt ist, aber die Eltern sagen: »Iss den Teller leer!« Also isst es. Zwar sagt sein Bedürfnis nach der Schule, dass es toben will, aber die Eltern sagen: »Setz dich auf den Hosenboden und lern!« Also lernt es. So entfremdet sich das Kind von seinen Gefühlen und körperlichen Bedürfnissen:

- Es isst nicht, wenn es Hunger hat, sondern wenn es Essen gibt (denn der Mauli im Hinterkopf ruft: »Gegessen wird am Tisch!«).
- Es geht nicht zur Toilette, wenn es muss, sondern wenn es passt (»Man kann im Unterricht nicht dauernd aufs Klo gehen!«).
- Und es schläft nicht, wenn es müde wird, sondern erst am Abend (»Wer tags schläft, ist eine Schlafmütze!«).

Aber nicht nur körperliche, sondern auch psychische Bedürfnisse rücken im Laufe der Sozialisation immer mehr in den Hintergrund:

- Das Kind wünscht sich bewundernde Blicke, aber versagt sich den Auftritt (»Spiel dich nicht in den Mittelpunkt!«).
- Es wünscht mehr Zeit für sich selbst, aber schafft es nicht, die Gemeinschaft zu verlassen (»Sei kein Eigenbrötler!«).
- Es hätte gute Lust, vor Wut zu heulen, aber macht dann doch gute Miene zum bösen Spiel (»Ein Indianer kennt keinen Schmerz«).

Das Baby machte aus seinen Wünschen keinen Hehl, es lebte nach dem Motto: »Ich bin, was ich will.« Doch die Sozialisation kann dieses reine Wasser des eigenen Willens gründlich trüben: »Ich bin, was andere von mir wollen.« Diese kindliche Prägung beeinflusst ein ganzes Leben.[52] Und je netter ein Mensch ist, desto mehr kann er vom Urteil anderer abhängen.

Eine Schneeflocke auf dem Jackett

Der Tag war wie am Schnürchen gelaufen für Jan-Peter Siemer (36) – bis ihm ein Missgeschick passierte, das alles überschattete. Er war als Redner bei einem Fachkongress aufgetreten und hatte donnernden Applaus bekommen. Als er das Podium verließ, zerrten die Zuhörer regelrecht an ihm, um persönliche Tipps zu bekommen. Beim Mittagsimbiss fand er sich an einem Stehpult wieder, der Personalchef eines großen Unternehmens interessierte sich für seine Vita. Siemer war aufgeregt, denn er hatte das Gefühl, dass sich hier ein spannendes Jobangebot anbahnen könnte.

Was dann passierte, beschrieb er mir in der Beratung so: »Ich antwortete auf eine Frage des Personalchefs. Da flog aus meinem Mund ein weiß schäumender Speicheltropfen im hohen Bogen. Er landete auf dem schwarzen Jackett des Personalchefs neben der Brusttasche und hob sich ab wie eine helle Schneeflocke. Alle Blicke am Tisch, auch der des Personalchefs, richteten sich darauf. Am liebsten wäre ich im Boden versunken. Ich wollte mich entschuldigen, aber mir fehlten die Worte. Ohnmächtig stand ich da. Die anderen redeten weiter. Ein oder zwei Minuten später habe ich mich vom Tisch geschlichen. Ich fühlte mich so gedemütigt.«

In welchen Situationen stürzen Sie emotional ab? Wann schlägt Ihre Freude in Frust um? Wann resignieren Sie, statt zu kämpfen? Wann schweigen Sie, statt zu sagen, was Sie bewegt?

Kurz: Wann fallen Sie in die Ohnmacht eines Kindes zurück? Welche Auslöser bewirken das?

Ich fragte Jan-Peter Siemer: »Was haben Sie in der Sekunde Ihrer feuchten Aussprache gedacht?«

»Ich habe mich wahnsinnig geärgert und mir Vorwürfe gemacht: Du bist total unmöglich! Wie kann man nur so blöd sein? Jetzt hast du dich bis auf die Knochen blamiert!«

»Angenommen die Situation wäre umgekehrt gelaufen: Dem Personalchef wäre das kleine Missgeschick passiert. Wie hätten Sie über ihn gedacht?«

Siemer sah mich mit großen Augen an. »Mir hätte das gar nichts ausgemacht. Ich war ja froh, dass er sich Zeit für dieses Gespräch mit mir genommen hat.«

»Dasselbe Verhalten, das Sie bei einem anderen nicht gestört hätte, hat sich für Sie selbst wie eine Katastrophe angefühlt. Wie erklären Sie sich das?«

»Nun ja, ich wollte halt einen guten Eindruck machen. Und dann ist genau das Gegenteil passiert.«

»Aber warum hatten Sie es nötig, einen ›guten Eindruck‹ zu machen? Sie hatten gerade auf dem Podium geglänzt und sind von ihm angesprochen worden. Er wollte doch etwas von Ihnen, nicht umgekehrt.«

Er grübelte. »Im Grunde stimmt das. Aber es schien mir eine Ehre, dass er mich ansprach.«

»Mal angenommen ein guter Freund würde Ihnen exakt dieselbe Geschichte berichten: dass er einen gefeierten Vortrag hält, danach von einem Personalchef angesprochen wird, ihm eine feuchte Aussprache unterläuft – und er dann beschämt flüchtet. Was würden Sie ihm sagen?«

»Dass er keinen Grund zu einer Flucht hatte. Dass das jedem passieren kann.«

»Es wird ja immer interessanter! Bei allen anderen ist die feuchte Aussprache eine Bagatelle – nur bei Ihnen nicht! Fällt Ihnen auf, wie irrational das ist?«

»Ja, ja – theoretisch schon. Aber es fühlt sich ja immer noch so an: total beschämend.«

Ich fragte ihn, ob er als Kind oft den Eindruck gehabt habe, sich bis auf die Knochen blamiert zu haben. Er bestätigte das eifrig. Vor allem seine strenge Mutter habe ihm eine Kindheit lang vermittelt: »Mach uns bloß keine Schande!«

Dieses Motto begleitete ihn durchs Leben. Er war ein netter Mensch geworden, der alles tat, um die Erwartungen der anderen zu erfüllen. Seine Laune hing davon ab, wie gut ihm das gelang. Dabei legte er strenge Maßstäbe an. Was andere als gut empfanden, empfand er als nicht gut genug.

Zum Beispiel hatte er seiner Lebensgefährtin einen Armreif zum Geburtstag gekauft. Sie probierte ihn vorm Spiegel an und schwieg einen Moment lang. Er verfolgte das Schauspiel und sagte: »Er steht dir nicht, stimmt's? Ich hab's von Anfang an gewusst: Ich hätte doch den anderen nehmen sollen.«

Seine Freundin sah nach wie vor in den Spiegel: »Eigentlich finde ich, er steht mir ganz gut.«

»Du kannst ehrlich sein«, sagte er. »Ich sehe doch, dass du nicht glücklich damit bist. Ich hab mich vergriffen, ich tausch ihn um.«

Schließlich lenkte die Freundin ein – und das Geschenk war vom Tisch.

Bemerken Sie, wo Jan-Peter Siemers Probleme spielen? Nicht

in der Außenwelt, denn die feuchte Aussprache war verzeihlich und der Armreif der Freundin willkommen. Aber sein innerer Kritiker verlangte von ihm, was die Wirklichkeit nicht hergab: Vollkommenheit. So fühlte sich der kleinste Fehler wie eine Katastrophe an. Und ein winziges Zögern der Freundin wie eine Abfuhr für das Geschenk. Weil er mit sich selbst nicht im Reinen war, projizierte er diesen kritischen Blick auf die anderen.

In mehreren Sitzungen arbeiteten wir die Botschaften aus seiner Kindheit auf. Unter anderem legte er eine Liste mit Sätzen an, die er in frühen Jahren oft gehört hatte (siehe Seite 128), neben »Mach uns keine Schande!« stand dort:

- »Blamier dich nicht!«
- »Du kannst dir keine Fehler leisten!«
- »Sei kein Elefant im Porzellanladen!«
- »Tapp nicht in jedes Fettnäpfchen!«
- »Wer einmal irrt, dem glaubt man nicht!«
- »Mach dich nicht lächerlich!«
- »Gib acht, was du sagst – sonst giltst du bald als nicht normal!«
- »Sorg dafür, dass wir stolz auf dich sein können!«

All diese Glaubenssätze befeuerten seine soziale Angst. Die Furcht, eine Norm zu verletzen, begleitete ihn durch sein ganzes Leben. Er legte jedes Wort auf die Goldwaage. Er schaute, was die anderen taten, ehe er selber handelte. Und sein Selbstbewusstsein brach zusammen, wenn ihm ein ungewolltes Wort rausrutschte – oder gar ein Speicheltropfen. Er malte sich eine vernichtende Kritik der anderen aus, ohne dass jemand ein Wort sagte.

Wie konnte er sein Selbstwertgefühl stärken? Ich schlug ihm vor, seinem Mauli einen inneren Verteidiger gegenüberzustellen. Auf meine Frage, ob es einen Menschen in seinem Umfeld gab, der für diese Rolle prädestiniert sei, kam er auf seine Tante Luise: »Sie ist so herrlich unkonventionell. Sie macht immer ihr Ding und lässt sich von anderen kaum dazwischenreden.«

Also nannte er seine innere Verteidigerin »Luise«. Nun sollte er in der Beratung trainieren, Luise auf die Mauli-Angriffe reagieren zu lassen. Ich bat ihn, sich den Dialog, den wir gleich führen würden, als inneres Duell in seinem Kopf vorzustellen.

Ich platzierte zwei Stühle im Raum, frontal gegenüber. Er setzte sich auf den Luise-Stuhl, ich auf den Mauli-Stuhl. Und sofort griff ich ihn an: »Was hast du getan! Du hast ihm aufs Jackett gespuckt! Das ist ja total unmöglich!«

Er brauchte einen Moment, um sich in die Rolle der Luise einzufinden. Dann antwortete er: »Was regst du dich so auf? Es ist doch gar nichts passiert.«

»Nichts passiert? Du hast dich bis auf die Knochen blamiert.«

Er suchte nach Worten, ehe er sagte: »Das sehe ich nicht so. Eine feuchte Aussprache ist menschlich. Das ist den anderen am Tisch auch schon passiert, jeder wird dafür Verständnis haben.«

»Du redest dein Versagen schön! Gib einfach zu, dass du deinen Ruf ruiniert hast!«

»Im Gegenteil! Ich habe gerade einen erfolgreichen Vortrag gehalten. Und ich bin der begehrteste Mann im Raum.«

»Du weißt genau, dass du beim Vortrag zweimal ins Stocken gekommen bist! Und wer weiß, wie oft du auf der Bühne gespuckt hast, ohne es zu merken! Vielleicht haben die Leute nur aus Mitleid geklatscht.«

Er holte zweimal tief Luft. Ich spürte, dass ihn dieser Angriff traf. Dann sagte er: »Selbst wenn ich auf der Bühne gespuckt habe, bin ich ein wertvoller Mensch. Ich wäre sogar ein wertvoller Mensch, wenn ich kein Wort rausgebracht hätte.«

»Hör auf zu spinnen und zu träumen, du hast dich einfach blamiert! Wenn du so weitermachst, stehst du eines Tages ohne Job auf der Straße.«

Jetzt sah ich, wie er grinste, ehe er antwortete: »Und selbst wenn ich arbeitslos werde, bin ich noch ein wertvoller Mensch.«

Ich nahm als Mauli noch ein paar Anläufe, ihn in Bedrängnis zu bringen, aber es gelang mir nicht mehr: Er hatte es geschafft, sich gegen die Stimmen aus der Kindheit abzugrenzen – indem er sich einen Selbstwert einräumte, der nicht mehr vom (vermeintlichen) Urteil der anderen abhing.

Nach unserem Rollenspiel zeigte er sich verblüfft, wie gut ich seinen Mauli getroffen hatte. In den nächsten Wochen achtete er penibel darauf, wann seine emotionale Laune abfiel. Dann sagte er innerlich sofort: »Willkommen, Mauli – hier spricht die Luise. Ich weiß, dass du Jan-Peters Kopf gerade betreten hast. Sprich lauter, damit ich dir antworten kann.« So begannen innere Streitgespräche, die er mit der Zeit sogar genoss. Die soziale Angst aus seiner Kindheit griff nach ihm, aber bekam ihn nicht mehr zu fassen.

In welchen Situationen bräuchten Sie einen inneren Verteidiger? Wie sehen Ihre häufigsten Selbstvorwürfe aus? Wer kann Ihr innerer Verteidiger sein? Gibt es einen Menschen, der sich für diese Rolle eignet? Wie heißt er? Wäre das ein guter Name für Ihren inneren Verteidiger? Und was würde er auf Ihre typischen Selbstvorwürfe antworten? Spielen Sie ein paar Dialoge durch.

Und probieren Sie die Methode bei nächster Gelegenheit aus, wenn Ihnen eine Stimme aus Ihrer Kindheit dazwischenquatscht.

Soll ich denn zum Egoisten werden?

Was geschieht, wenn Sie Ihre eigenen Bedürfnisse in den Mittelpunkt stellen? Wenn Sie sich fragen, was Ihnen guttut, ehe Sie sich um andere kümmern? Wenn Sie Ihre schlechte Laune zeigen, statt andere davor zu schützen? Wenn Sie Ihr Leben in die gewünschte Richtung lenken, statt immer einzulenken?

Dann zischt Ihnen der Mauli ins Ohr: »Jetzt bist du geworden, was du niemals sein wolltest: ein kalter Egoist!« Einspruch, Euer Ehren:

- Sie können für Ihre Interessen eintreten, ohne egoistisch zu sein.
- Sie können sich wichtig nehmen, ohne selbstsüchtig zu sein.
- Und Sie können Ihre Gefühle zeigen, ohne ein Ichling zu sein.

Wenn Sie leben, was Sie empfinden, zeugt das von Reife. Jedem Freund würden Sie diese Authentizität zugestehen. Nur bei Ihnen selbst heult im Kopf der Egoismus-Alarm auf. Warum tut er das?

Zum einen liegt es am Kontrast: Wer aus der Dunkelheit kommt, fühlt sich von der Sonne geblendet. Und wer aus einer überzogenen Nettigkeit kommt, fühlt sich egoistisch, wenn er für seine Bedürfnisse eintritt. Doch wie sich das Auge an die Sonne gewöhnt, werden Sie sich an die neue Priorisierung Ihrer Bedürfnisse gewöhnen. Geben Sie sich die Zeit dafür.

Zum anderen rebelliert Ihr Mauli. Er hat Sie Ihr Leben lang aufgefordert, es nur den anderen recht zu machen. Nun sieht er seine Felle davonschwimmen, da Sie für sich selber eintreten – und will Sie mit seinen Egoismus-Vorwürfen zurück auf den alten Kurs manipulieren.

Hören Sie nicht auf ihn. Wenn Sie als netter Mensch meinen, zu schroff zu sein, sind Sie gerade deutlich genug. Angenommen Sie lehnen das Anliegen eines Freundes ab, weil es Ihnen im Moment nicht passt: Dann mag sich das egoistisch *für Sie* anfühlen (schließlich haben Sie in vergleichbaren Situationen immer Ja gesagt!). Doch objektiv betrachtet haben Sie nur eine aufrichtige Rückmeldung gegeben.

Wenn Sie offen und ehrlich und mit sich im Reinen sind, bereichern Sie den anderen. Sie können nur geben, was Sie selber haben. Mit leeren Taschen lassen sich keine Geschenke verteilen. Fragen Sie sich selbst:

- Wie wollen Sie einen anderen Menschen lieben, wenn Sie sich selber nicht lieben? Sie können nur geben, was Sie haben!
- Wie wollen Sie einem anderen Menschen dienen, wenn Sie sich selber nicht dienen? Sie können nur geben, was Sie haben!
- Wie wollen Sie freundlich zu einem anderen Menschen sein, wenn Sie zu sich selber nicht freundlich sind? Sie können nur geben, was Sie haben.

Wenn es Ihnen nicht gelingt, diese Gefühle aus sich selbst zu beziehen, leben Sie emotional auf Pump. Dann tun Sie Dinge, die Sie nicht wollen, und lassen sich ausnutzen. Und das nur, um eine Anerkennung von anderen zu bekommen, die Sie sich selbst schuldig bleiben. Wer sich selbst zu wenig mag, braucht die Zuneigung anderer, wie ein Beinbruch Krücken erfordert. Aber der Gang mit Krücken bleibt wacklig.

Je mehr Sie sich selber mögen, desto aufrichtiger können Sie andere mögen. So überwinden Sie Ihre kindliche Abhängigkeit und finden zu einer gesunden Reife.

Meine Nettigkeits-Prüfung

Abserviert im Lokal

Die Situation: Um 22 Uhr besuche ich mit Begleitung ein Lokal in der Altstadt; die Straßenterrasse ist noch zur Hälfte voll. Durstig setzen wir uns an den äußersten Tisch, um ungestört zu reden. Aber niemand bedient uns. Die Serviererin steuert andere Tische an und schaut gezielt an uns vorbei. 15 Minuten lang. Auf meinen dritten Zuruf kommt sie geschossen und zischt: »Hier können Sie nicht mehr sitzen. Wenn, dann mit Anschluss zu den nächsten Gästen.«

Am neuen Platz bedient sie uns kühl. Vorm Bezahlen frage ich mich: Gehe ich über die Unfreundlichkeit hinweg – oder beschwere ich mich? Und was ist mit Trinkgeld?

Übung: Wie hätten Sie an meiner Stelle reagiert?

Meine Reaktion: Ich entscheide mich, der Serviererin eine indirekte Rückmeldung zu geben. Sie sagt: »Macht 14,90 Euro.« Ich antworte gönnerhaft: »Dann machen Sie heute mal 15.« Ihr zuckender Gesichtsmuskel zeigt mir, dass die Botschaft angekommen ist.

Bewertung aus heutiger Sicht: Gut, dass ich der Serviererin mein übliches Trinkgeld vorenthalten habe. Aber warum überhaupt Trinkgeld? Und warum eine verschlüsselte Botschaft statt einer direkten? Ich war zu feige, den Konflikt mit ihr auszutragen!

Heute würde ich es so machen: »Ich möchte Ihnen sagen, wie wir uns bei Ihnen gefühlt haben: Erst haben wir eine Viertelstunde gewartet, ohne angesprochen zu werden. Als ich Sie dann zum dritten Mal zu uns rief, haben Sie uns recht schroff an einen anderen Tisch geschickt. Wir kamen uns vor, als würden wir stören. Dabei sind wir Gäste. So wollen wir auch behandelt werden.«

Kommentar: Ich schildere Beobachtungen und Gefühle, statt Vorwürfe zu machen – und leite daraus einen Wunsch ab. Mich hätte es erleichtert, meinen Ärger auszusprechen. Und die Kellnerin hätte eine Gelegenheit bekommen, ihr Verhalten zu reflektieren. Wahrscheinlich hätte sie sich entschuldigt.

Die Nettigkeits-Falle: Ich habe gedacht: »Sie hatte einen langen Tag, sie ist bestimmt gestresst – mach jetzt keinen unnötigen Ärger.« Damit habe ich ihre Bedürfnisse ernster als meine eigenen genommen. Das gekürzte Trinkgeld war ein fauler Kompromiss: Ich wollte mich beschweren, aber durch die Blume. Das hat meine Autorität untergraben, statt sie zu stärken.

Meine Lehre: Der Ärger ist dein Freund, er meldet sich, wenn deine Bedürfnisse verletzt werden. Sag dem anderen in klaren Worten, was dir fehlt – nur dann wirst du es bekommen.

4 Das Gefängnis der Glaubenssätze

In diesem Kapitel erfahren Sie …

- warum Sie nichts im Leben so sehr bremst wie Ihre eigenen Gedanken,
- wie Sie Ihr heimliches Navigationssystem aufdecken,
- wie Sie Ihren Kopf neu programmieren und alles erreichen können und
- wie eine Schwimmerin immer nur im Training gewann – bis sie ihren alten Glaubenssatz losließ und zu WM- und Olympia-Siegen schwamm.

Lieber einen Burnout riskieren, als jemanden zu enttäuschen?

»Dieses Projekt ist mein Sargnagel, ich hätte es niemals annehmen dürfen«, beklagte sich der Software-Entwickler Jörn Wiggert (29).

»Warum haben Sie sich dann von Ihrem Chef dazu überreden lassen?«, fragte ich.

»Wie stellen Sie sich das vor? Ich kann ihn doch nicht vor den Kopf stoßen und abblitzen lassen!«

»Wirklich nicht?«

Jörn Wiggert kniff die Augen zusammen. »Ich meine, er ist mein Chef. Er hat das Recht, mir Projekte auf den Tisch zu laden. Ich werde dafür bezahlt, dass ich diese Arbeit erledige.«

»Das heißt: Sie dürfen ihn auch dann nicht abblitzen lassen, wenn er Sie hoffnungslos überfordert? Oder in einen Burnout treibt? Oder Illegales von Ihnen will?«

Er dachte nach und meinte dann: »Wenn er etwas Illegales von mir wollte, würde ich das natürlich zurückweisen.«

»Aber was ist, wenn er Sie überfordert? Würden Sie lieber in einen Burnout stürzen oder einen Herzinfarkt riskieren, als ihn abblitzen zu lassen?«

Sein Zeigefinger rubbelte über die Bartstoppeln am Kinn. »Das auch nicht. Wenn ich sicher wüsste, dass ich einen Burnout bekäme, dann würde ich ihn …« Er stockte, als brächte er den Rest nicht über die Lippen.

»… abblitzen lassen«, ergänzte ich. Er verzog kurz das Gesicht. Dann nickte er.

Ich fuhr fort: »Stoßen Sie Ihren Chef wirklich vor den Kopf, wenn Sie ein Projekt ablehnen, für das Sie keine Kapazitäten haben?«

»Er findet das bestimmt nicht lustig. Womöglich hält er mich für unzuverlässig oder faul. So könnte ich auf seine Abschussliste geraten.«

»Wie könnte er Ihre Ablehnung im günstigsten Fall deuten?«

Wieder überlegte er eine Weile. »Nun ja, als Rückmeldung: Er erfährt, dass ich ausgelastet bin – und dass die Arbeit bei mir deshalb nicht in guten Händen wäre.«

Das sah ich ähnlich, ich nickte.

Kennen Sie das? Erfüllen Sie manchmal Wünsche anderer, auch wenn es Ihnen schadet? Dann kann es sein, dass Glaubenssätze Sie steuern. Dabei handelt es sich um uralte Überzeugungen, die bis ins Grundwasser Ihres Denkens gesickert sind. Viele davon betreffen Ihren Selbstwert, zum Beispiel: »Ich bin nicht wichtig!« Solche Überzeugungen leiten Sie, ohne dass Sie es merken. Statt selbst zu steuern, lenkt Sie Ihr Autopilot.

Nehmen Sie den übergeordneten Glaubenssatz meines Klienten:

»Ich muss tun, was andere Menschen von mir erwarten – sonst stoße ich sie vor den Kopf.«

Wenn Sie nach diesem Motto handeln, gerät Ihr Leben zum faulen Kompromiss. Ehe Sie etwas sagen, fragen Sie sich: Gefällt es allen? Ehe Sie etwas tun, fragen Sie sich: Sind alle damit einverstanden? Und ehe Sie Ihre eigenen Interessen vertreten, fragen Sie sich: Was kann ich für die anderen tun? Ihre Individualität weicht einem vorauseilenden Gehorsam. Und Sie opfern Ihre Wünsche und Bedürfnisse auf dem Altar der Anpassung.

Hilft Ihnen dieses Motto, ein erfülltes Leben zu führen? Macht es Sie glücklich, so zu denken? Und ist Ihre Überzeugung wirklich wahr?[53] Oder kann es sein, dass Sie sich einschränken und auf einen Irrweg locken?

Erst wenn Sie einen Glaubenssatz erkennen, können Sie entscheiden: Richte ich mich nach ihm? Oder werfe ich ihn über Bord und schlage eine andere Richtung ein? Manchmal ist es in Ordnung, einem alten Glaubenssatz zu folgen:

- Wenn Sie sich *bewusst* zurücknehmen, um Konflikte zu vermeiden, ist das völlig legitim.
- Wenn Sie Ihren Feierabend *bewusst* opfern, um noch ein Projekt abzuschließen: kein Problem.
- Wenn Sie sich *bewusst* dafür entscheiden, einem traurigen Menschen zuzuhören, obwohl Sie eigentlich keine Zeit haben – absolut okay.

Aber wenn Sie all dies tun, ohne es wirklich zu wollen, mit wachsendem Frust, dann leitet Sie Ihr Glaubenssatz in die Irre. Dann folgen Sie einem Navigationssystem, das Ihnen nicht Ihr aktuelles Reiseziel anzeigt, sondern eines aus ferner Vergangenheit.

Dieses Denken leitet Sie heimlich

Wer eine Reise antritt, sollte *vorher* prüfen, wohin ihn sein inneres Navigationssystem lotst. Wie finden Sie heraus, welche heimlichen Glaubenssätze Sie leiten? Im Folgenden beschreibe ich Ihnen drei Möglichkeiten:

1. Der Schimmer des Immer
Achten Sie auf Ihre Sprache. Wann verwenden Sie Generalisierungen? Wann denken oder sagen Sie Wörter wie: »jedes Mal«, »immer«, »stets«, »nie«, »ausnahmslos«, »jeder«, »niemand«, »keiner«? Ein Immer gibt es *nicht* im Leben, jede Situation ist anders, ein Immer gibt es nur im Kopf: Sie pressen eine Realität durch die Schablone eines Glaubenssatzes.

Zum Beispiel denken Sie: »Immer, wenn ich widerspreche, geht das nach hinten los.« Deshalb halten Sie den Mund und malen sich aus, welche üblen Konsequenzen Ihr Widerspruch hätte. Sie malen es sich aus! Sie wissen und prüfen gar nicht, was tatsächlich passiert wäre.

Weil Sie in der Vergangenheit eine schlechte Erfahrung gemacht haben, schließen Sie daraus: Künftig wird es genauso sein! Aber kämen Sie auf die Idee, aus drei verregneten Sonntagen den Schluss zu ziehen: »Sonntags regnet es immer – dieses Jahr, nächstes Jahr, bis ans Ende der Zeit!«? Ein solcher Schluss wäre töricht.

Wenn Sie die Erfahrung gemacht haben, dass Ihr Widerspruch »nach hinten losging«, ist das ein Rückblick. Brechen Sie das Immer auf: In welchen Situationen war das so? Gegenüber welchen Menschen? Wie alt und reif waren Sie damals? Und was ist eigentlich damit gemeint, dass der Widerspruch »nach hinten losging«? Wie sahen die Konsequenzen für Sie aus?

Damit Sie Glaubenssätze hinterfragen können, müssen Sie sie aufdecken. Die folgende Übung hilft Ihnen dabei. Bitte führen Sie folgende sieben Satzanfänge so spontan wie möglich zu Ende:

- Jedes Mal, wenn ich Nein zu anderen sage, riskiere ich …
- Immer, wenn ich viel von mir selber rede, hat das den Nachteil, dass …
- Ich will generell niemanden enttäuschen, denn sonst …
- Es ist nie gut, wenn ich anecke, denn so laufe ich Gefahr …
- Niemand soll von mir denken, dass ich …
- Als sozialer Mensch halte ich es für selbstverständlich, dass ich …
- Ein Lächeln hilft mir immer, weil ich …

Ich bin sicher: Alle Sätze, die Sie jetzt formuliert haben, sind in Ihrem Leben *oft* hilfreich. Zum Beispiel: »Ein Lächeln hilft immer, weil ich Sympathie damit gewinne.« Gefährlich ist nicht der Satz – gefährlich ist das Wörtchen »immer«. Denn dasselbe Verhalten, das Ihnen in der einen Situation nützt, zum Beispiel beim Start eines Smalltalks, kann Ihnen in der anderen Situation schaden, etwa bei einer ernsten Diskussion.

2. Die Ich-sollte-Falle

Gehen Ihnen oft Sätze durch den Kopf, die so beginnen: »Ich sollte …«, »Ich muss …«? Gibt es eine Instanz in Ihnen, die Sie dazu auffordert, sich in einer bestimmen Weise zu verhalten? Peitschen Sie sich an, Dinge zu tun, die Sie gar nicht tun wollen?

Oft stehen hinter diesem inneren Zwang unbewusste Glaubenssätze, zum Beispiel das Motto: »Ich muss anderen Menschen den Vortritt lassen.« Dieser Satz mag hilfreich sein, wenn es um Höflichkeit im Alltag geht. Aber wenn Sie mit anderen in einen Wettbewerb treten, bremst dieses Motto Sie aus. Diese Erfahrung musste eine junge Profi-Schwimmerin machen. Sie galt als großes Talent, im Training schwamm sie fantastische Zeiten. Aber bei den großen Wettkämpfen konnte sie ihre Leistung nie abrufen. Immer schwamm die Konkurrenz vor ihr durchs Ziel. Was genau bremste sie?

Die Antwort kam ans Licht bei einer Mentalübung mit ihrer Motivationstrainerin. Als die Schwimmerin in Trance war und gefragt wurde, ob sie ihre Wettkämpfe wirklich gewinnen wolle, antwortete sie sinngemäß: »Nein, denn ich will die anderen nicht verlieren sehen.« Deshalb ließ sie ihnen beim Rennen »den Vortritt«.[54]

Erst als die Schwimmerin sich dieser irrationalen Überzeugung bewusst geworden war, gelang es ihr, sich im wahrsten Sinne freizuschwimmen. Sie räumte sich das Recht ein, andere im sportlichen Wettkampf abzuhängen und mit Volldampf ihre Leistung zu zeigen. Nun platzte der mentale Knoten vor den Augen der Nation: Sie avancierte zum Weltstar, holte neun Europameister-Titel, wurde zweifache Weltmeisterin sowie zweifache Olympiasiegerin. Die Rede ist von Britta Steffen.

Welche ungenutzten Potenziale schlummern in Ihnen? Wann stehen Sie Ihrem Erfolg selbst im Weg? In welchen Fällen könnten Sie die äußeren Gegner bezwingen, aber werden von einem inneren Gegner bezwungen?

An Britta Steffen wird deutlich: Es lohnt sich, den heimlichen »Ich soll«- oder »Ich muss«-Sätzen im eigenen Kopf nachzuspüren. Die folgende Übung hilft Ihnen dabei – bitte beantworten Sie diese Fragen spontan:

- Was müssen Sie tun, damit andere Menschen Sie mögen?

  ____

- Wie sollten Sie reagieren, wenn Sie jemand um Hilfe bittet?

  ____

- Was dürfen Sie anderen keinesfalls zumuten?

  ____

- In welchen Situationen und zu welchen Menschen sollen Sie niemals Nein sagen?

  ____

- Wann müssen Sie gute Miene zum bösen Spiel machen?

  ____

- Was müssen Sie tun, damit Ihr Chef Sie anerkennt und fördert?

  ____

- Was müssen Sie tun, um ein gutes Verhältnis zu Ihren Arbeitskollegen zu haben?

  ____

- Was müssen Sie sich in einer Beziehung unbedingt verkneifen?

  ____

- Was dürfen Sie in einer Freundschaft niemals tun?

  ____

Bitte lesen Sie Ihre spontanen Antworten durch und fragen Sie sich: Ist das stimmig? Trifft es wirklich in allen Situationen zu? Oder wird mein Denken durch einen Glaubenssatz eingeschränkt? Wenn ja, wie lautet er? Angenommen Sie haben geschrieben, dass Sie für die Anerkennung Ihres Chefs »fleißig sein und hart arbeiten« müssen – dann steht womöglich der Glaubenssatz dahinter: »Ohne Fleiß kein Preis!«

3. Die Zurufe der Erzieher

In der guten Absicht, aus Ihnen einen »ordentlichen Menschen« zu machen, haben Sie Ihre Eltern und andere Erwachsene eine

Kindheit lang beeinflusst – mit ihren Überzeugungen, Meinungen und Weisheiten konfrontiert. Und diese Sozialisation hinterlässt tiefe Spuren im Denken. Es ist, als wären wir eingeschlossen im Raum eines vergangenen Verhaltens.[55]

Zum Beispiel kann ich mich an den Busfahrer Jacob Hübel (48) erinnern, dessen Vater ein wandelndes Sprichwort-Lexikon war. Für jede Lebenslage des Sohnes wusste der Vater den passenden Spruch. Dabei griff er auf Volksweisheiten und eigene Gedanken zurück. Hier ein paar Kostproben, wie Sie Ihnen in ähnlicher Form auch begegnet sein können:

1. »Die Letzten werden die Ersten sein.«	
2. »Ein Indianer kennt keinen Schmerz.«	
3. »Hochmut kommt vor dem Fall.«	
4. »Freundlichkeit öffnet alle Türen.«	
5. »Lieber den Spatz in der Hand als die Taube auf dem Dach.«	
6. »Ein Lächeln rettet den finstersten Tag.«	
7. »Ohne Fleiß kein Preis.«	
8. »Wer hoch hinaus will, kann tief fallen.«	
9. »Übermut tut selten gut.«	
10. »Erst die Arbeit, dann das Vergnügen.«	
11. »Der wahre Genießer schweigt.«	
12. »Wer zu viel will, bekommt am Ende gar nichts.«	

Nun sind Sie gefragt: Bitte bewerten Sie die Sätze in der zweiten Spalte mit Zahlen von 1 bis 12. Geben Sie jenem Satz die 12, der Sie am meisten im Leben leitet – und jenem Satz die 1, der mit Ihnen am wenigsten zu tun hat. Lesen Sie erst danach weiter.

Lassen Sie uns die drei Sätze unter die Lupe nehmen, mit denen Sie sich am meisten identifizieren, die Sätze mit den Zahlen 10, 11 und 12. Bitte überlegen Sie, wie Sie zu der jeweiligen Überzeugung kommen. Versetzen Sie sich in Ihre Kindheit: Wer aus Ihrem Umfeld hat eine ähnliche Überzeugung geäußert oder gelebt?

10: Eine ähnliche Haltung vertrat ______________________.
11: Eine ähnliche Haltung vertrat ______________________.
12: Eine ähnliche Haltung vertrat ______________________.

Als ich Jacob Hübel bat, seine Sätze zu priorisieren, vergab er zwölf Punkte an den Satz: »Wer zu viel will, steht am Ende mit leeren Händen da.« Und an nächster Stelle stand: »Hochmut kommt vor dem Fall.« In die Beratung war Hübel gekommen, weil sein Chef ihn schon zweimal bei einer Beförderung in den Innendienst übergangen hatte. Dabei war er ein hervorragender Busfahrer, der den Betrieb wie kein Zweiter kannte und sich auszudrücken wusste.

Bislang hatte er sein Scheitern dem Vorgesetzten angekreidet: Warum erkannte der seine Eignung nicht? Doch nun fragte er sich: »Liegt es vielleicht an mir selbst?« Er gab zu, in seiner Firma vor allem hinter den Kulissen zu wirken. Bei allen öffentlichen Anlässen, zum Beispiel Dienstbesprechungen, hielt er sich zurück. Dieses Verhalten qualifizierte ihn nicht gerade für eine Führungsrolle.

Je länger er darüber nachdachte, desto klarer wurde es ihm: Heimlich fürchtete er, dass sein Streben in eine Führungsposition seinen aktuellen Arbeitsplatz gefährdete (»Wer zu viel will, steht am Ende mit leeren Händen da«). Oder dass er den Job zwar wie ein hohes Ross besteigen, dann aber abgeworfen würde (»Hochmut kommt vor dem Fall«). Scheinbar wollte er befördert werden (wie Britta Steffen auch ihre frühen Wettkämpfe gewinnen wollte) – aber tief innen wollte er es *nicht.*

Was Sie heimlich glauben, entfaltet eine unheimliche Wirkung: Es sorgt dafür, was in Ihrem Leben geschieht oder nicht geschieht. Oft erfüllen sich Glaubenssätze, ohne dass Sie den Zusammenhang merken. Ein paar Beispiele aus Beratungen:

- Marion wird von dem Glaubenssatz geleitet: »Wer sich auf andere verlässt, der ist verlassen.« Und »zufällig« lernt sie immer wieder Männer kennen, die zu Seitensprüngen neigen oder sie hängen lassen.
- Uwe folgt dem Glaubenssatz: »Ich muss den anderen beweisen, dass ich nett bin, sonst halten sie mich für doof.« Und tatsächlich passiert es ihm immer wieder, dass er ausgenutzt und für doof gehalten wird (obwohl er es keineswegs ist).
- Carin lässt sich leiten von dem Motto: »Ein guter Mensch kann alles verzeihen.« Und tatsächlich zieht sie Freunde und Bekannte an, die sie mit einer Zumutung nach der anderen konfrontieren.

Jeder Glaubenssatz zieht eine Wirklichkeit nach sich. Nehmen Sie Carin: Weil sie glaubt, alles verzeihen zu müssen, zieht sie Menschen an, die sie unverschämt behandeln – alle wissen: Bei ihr kommt man damit durch. Das ist eine systemische Wechselwirkung – als würde ein Juwelier, der keine Alarmanlage hat, immer wieder überfallen. Unklare Grenzen locken Grenzüberschreiter an. Und wer glaubt, dass andere ihn nur mögen, wenn er ihnen dient, zieht Menschen an, die sich von ihm bedienen lassen.

Bitte schreiben Sie auf, welche Sprichwörter, Glaubenssätze und Überzeugungen Sie in Ihrer Erziehung am häufigsten gehört haben. Ordnen Sie diese Sätze bitte einer Bezugsperson zu:

Vater: ____

____.

Mutter: ____

____.

Opa: ____

____.

Oma: ____

____.

Kindergärtnerin: ______________________________________

____.

Lehrer: ____

____.

Weitere Personen:

1. ____________________:

____.

2.____________________:

____.

Und nun fragen Sie sich: Welche dieser Sätze haben Sie (heimlich) übernommen? In welchen Situationen macht sich das bemerkbar? Und was läuft deshalb gut oder weniger gut in Ihrem Leben?

Der wichtigste TÜV Ihres Lebens

Würden Sie mit einem Auto, dessen Bremsen streiken, zu einer langen Fahrt aufbrechen? Nie im Leben! Bremsen müssen funktionieren, sonst ist die Fahrt zu gefährlich.

Aber wir alle reisen durchs Leben mit »dysfunktionalen« Glaubenssätzen. So nennt die Psychologie ein Denken, das unsere Ziele untergräbt. Wir steigen in unser Lebensauto, ohne zu realisieren, dass etwas nicht stimmt. Erst wenn unser Leben ins Schleudern gerät, kommen wir ins Grübeln: Warum bekomme ausgerechnet ich die unangenehmen Arbeiten auf den Tisch? Warum übersehen mich die anderen? Warum setzt jeder voraus, dass ich rund um die Uhr für ihn Zeit habe? Oder: Warum bin ich Trainings-Weltmeister, aber gewinne meine Wettkämpfe nicht?

Autos werden regelmäßig vom TÜV geprüft, ob alles richtig funktioniert. Dasselbe sollten Sie mit Ihren Gedanken tun. Prüfen Sie, welche Glaubenssätze Sie voranbringen – aber auch, welche Sie ausbremsen. Was wirft Sie im Alltag aus der Bahn? Womit stehen Sie sich im Weg? Welche Glaubenssätze behindern Ihr Glück und Ihre Zufriedenheit?

Bitte nehmen Sie sich alle Glaubenssätze vor, die in den vorangegangenen Übungen ans Licht gekommen sind. Notieren Sie die Sätze unten. Und dann fühlen Sie ihnen auf den Zahn, indem Sie auf die folgenden sechs Fragen antworten (drei Beispiele folgen weiter unten):

Mein persönlicher Glaubenssatz:

1. Ist dieser Satz nachweislich richtig?

Meine Antwort:

2. Stimmt das absolut: in jeder Situation, zu jeder Zeit, in jeder Stimmung? Oder gibt es Ausnahmen?

Meine Antwort:

3. Gibt es Menschen, die komplett anders denken oder handeln und damit erfolgreich sind?

Meine Antwort:

4. Welche Argumente sprechen gegen meinen Glaubenssatz?

Meine Antwort:

5. Welcher Irrglaube kann meinem Handlungsmotto (heimlich) zugrunde liegen?

Meine Antwort:

6. Was wäre in meinem Leben leichter oder besser, wenn ich diesen Glaubenssatz losließe?

Meine Antwort:

Lassen Sie uns nach diesem Muster drei Glaubenssätze durchgehen, von denen viele nette Menschen geleitet werden:

Ich muss helfen, wo ich kann!

1. Ist dieser Satz nachweislich richtig?
Er stimmt, wenn jemand in akuter Gefahr ist, etwa nach einem Unfall. Dann bin ich laut § 323c StGB zur ersten Hilfe verpflichtet. In allen anderen Situationen ist der Satz falsch: Niemand

zwingt mich, dass ich anderen helfe, schon gar nicht rund um die Uhr. Ich kann das selbst von Fall zu Fall entscheiden.

2. Stimmt das absolut: in jeder Situation, zu jeder Zeit, in jeder Stimmung? Oder gibt es Ausnahmen?
In vielen Situationen ist der Satz komplett falsch. Zum Beispiel bei der Arbeit. Ich werde nicht dafür bezahlt, dass ich anderen helfe, sondern dass ich meinen eigenen Job gut mache. Lasse ich meine Arbeit schleifen, weil ich anderen zu viel helfe, kann das sogar ein Entlassungsgrund sein.

3. Gibt es Menschen, die komplett anders denken oder handeln und damit erfolgreich sind?
Die meisten Erfolgreichen kümmern sich zuerst um ihre eigenen Belange, ehe sie anderen helfen. Und auch erfahrene Pädagogen sehen davon ab, ihren Schützlingen vorschnell unter die Arme zu greifen. Vielmehr sagen sie, dass andere nur aus eigener Erfahrung lernen. Indem ich jemandem helfe, damit er nicht hinfällt, nehme ich ihm eine Wachstumschance.

4. Welche Argumente sprechen gegen meinen Glaubenssatz?
Meine Kräfte sind begrenzt. Wenn ich rund um die Uhr helfe, bin ich bald so erschöpft, dass ich niemandem mehr helfen kann, am wenigsten mir selbst. Außerdem lädt mein Verhalten zu Unselbständigkeit oder Faulheit ein – warum sich ein Bein ausreißen, wenn der rettende Engel gleich einfliegt? Zudem werde ich als »ewiger Helfer« unterschätzt – als hätte ich keine eigenen Bedürfnisse und erst recht keinen Führungsanspruch.

5. Welcher Irrglaube kann meinem Handlungsmotto (heimlich) zugrunde liegen?
Erstens: dass ich ein schlechter Mensch bin, sobald ich nicht helfe.
Zweitens: dass ich Ansehen gewinne, indem ich immer zur Verfügung stehe.
Drittens: dass ich in den Augen anderer nur wertvoll bin, wenn ich mich um sie kümmere, aber nicht mehr, sobald ich mich um mich selbst kümmere.

6. Was wäre in meinem Leben leichter oder besser, wenn ich diesen Glaubenssatz losließe?
Ich hätte weniger Gewissensbisse. Im Moment fühle ich mich für alle verantwortlich, aber werde diesem Anspruch nicht gerecht. Ohne diesen Glaubenssatz wäre ich freier und hätte mehr Energie für mich selbst. Ich würde besser im Leben vorankommen und hätte Kraftreserven, um *gezielt* zu helfen – statt meine Hilfe mit der Gießkanne zu verteilen.

Ein weiterer Glaubenssatz, der oft durch die Köpfe netter Menschen spukt:

Ich sollte mich nicht so wichtig nehmen.

1. Ist dieser Satz nachweislich richtig?
Nein, denn meine Bedürfnisse erhalten mich am Leben. Mein Hunger signalisiert, dass ich essen muss. Mein Durst signalisiert, dass ich trinken muss. Ebenso wichtig sind psychische Bedürfnisse, zum Beispiel, dass ich Zeit für mich selber brauche und

eine Einladung deshalb ablehne. Ich muss mich wichtig nehmen, nur so bleibe ich körperlich und geistig gesund.

2. Stimmt das absolut: in jeder Situation, zu jeder Zeit, in jeder Stimmung? Oder gibt es Ausnahmen?
Wenn ich in einer Gehaltsverhandlung sitze, muss ich mich und meine Interessen wichtig nehmen – sonst werde ich über den Tisch gezogen. Wenn ich in einer Runde das Wort ergreife, muss ich mich wichtig nehmen – sonst hört mir keiner zu. Und wenn ich meine Kinder erziehe, muss ich mich wichtig nehmen – sonst tanzen sie mir auf der Nase herum.

3. Gibt es Menschen, die komplett anders denken oder handeln und damit erfolgreich sind?
Absolut! Zum Beispiel kenne ich einen jungen Mann, der jede seiner Arbeiten als einen Herkulesakt präsentiert. Er hält das, was er tut, für ungeheuer wichtig. Und sich selber für unersetzbar. Damit hängt es wohl zusammen, dass er vor ein paar Wochen zum Gruppenleiter ernannt wurde.

4. Welche Argumente sprechen gegen meinen Glaubenssatz?
Wenn ich mich selber nicht wichtig nehme, tun es die anderen auch nicht. Außerdem muss ich zugeben: Ich bin jedes Mal enttäuscht, wenn andere meinen Einsatz für sie nicht würdigen und meine Leistung für selbstverständlich erachten. Insgeheim nehme ich mich wichtiger, als ich es zugeben will. Das spricht gegen meinen Glaubenssatz.

5. Welcher Irrglaube kann meinem Handlungsmotto (heimlich) zugrunde liegen?
Erstens: dass ich zum Wichtigtuer werde, indem ich Raum für mich beanspruche.
Zweitens: dass der Raum, den ich für mich einnehme, den anderen fehlt.
Drittens: dass ich vor den Blicken nicht bestehen kann, die auf mich gerichtet sind, sobald ich auf die »Bühne« trete.

6. Was wäre in meinem Leben leichter oder besser, wenn ich diesen Glaubenssatz losließe?
Ich könnte ohne Vorbehalte zu meinen eigenen Bedürfnissen stehen. Es fiele mir leichter, meine Forderungen durchzusetzen und Ansinnen anderer abzulehnen. Außerdem müsste ich nicht mehr auf zufällige Anerkennung warten, sondern könnte andere auch mal fragen, wie ihnen meine Leistung gefallen hat.

Und noch ein Glaubenssatz, den ich häufig von netten Menschen höre:

Ich kann mich doch nicht wegen jeder Kleinigkeit beschweren.

1. Ist dieser Satz nachweislich richtig?
Niemand verbietet mir, dass ich mich beschwere. Wann und weshalb, kann ich selbst entscheiden. Es gibt kein verbindliches Richtmaß, ob es sich um eine »Kleinigkeit« oder eine »große Sache« handelt. Hier darf ich mich auf meinen subjektiven Eindruck verlassen.

2. Stimmt das absolut: in jeder Situation, zu jeder Zeit, in jeder Stimmung? Oder gibt es Ausnahmen?
In vielen Situationen ist meine Beschwerde erforderlich, um dem anderen Grenzen zu setzen. Wenn mir die Kassiererin im Supermarkt fünf Cent zu wenig rausgibt, ist das zwar eine »Kleinigkeit« – aber wenn ich nichts sage, bekomme ich beim nächsten Mal vielleicht zehn Cent weniger. Und in einer Woche fehlen zehn Euro. Gerade die Beschwerde bei »Kleinigkeiten« verhindert, dass mich andere weiter ausnutzen. Das gilt im Privatleben genauso wie im Job.

3. Gibt es Menschen, die komplett anders denken oder handeln und damit erfolgreich sind?
Viele Menschen handeln nach dem Sprichwort: »Nur das quietschende Rad wird geölt!« Neulich habe ich im Lokal verfolgt, wie eine Frau beim Ober »etwas zu viel Salz auf der Scholle« beklagte. Die Folge war, dass ihr mitsamt Begleitern ein Getränk auf Kosten des Hauses serviert wurde. Sie hatte sich durch ihre Beschwerde Respekt verschafft.

4. Welche Argumente sprechen gegen meinen Glaubenssatz?
Es ist unklug, dass ich meine eigenen Bedürfnisse zu einer »Kleinigkeit« erkläre. Ich habe ein Recht darauf, sie wichtig zu nehmen. Ich darf Konflikte riskieren, statt sie zu scheuen. Denn je weniger Konflikte ich eingehe, desto weniger Konfliktfähigkeit entwickle ich.

5. Welcher Irrglaube kann meinem Handlungsmotto (heimlich) zugrunde liegen?

Erstens: dass ich kein Recht auf meine Bedürfnisse habe.
Zweitens: dass ich nur dann »freundlich und nett« bin, wenn ich stillhalte.
Drittens: dass ich einem Konflikt, wie er sich aus einer Beschwerde ergeben könnte, nicht gewachsen bin.

6. Was wäre in meinem Leben leichter oder besser, wenn ich diesen Satz losließe?
Ich könnte mutig und beherzt vorbringen, was mir nicht passt. Ich müsste meine eigenen Bedürfnisse nicht mehr zensieren, nicht jedes Wort auf die Goldwaage legen. Ich könnte sagen, was Sache ist. Damit würde ich authentischer agieren und von anderen Menschen ernster genommen als bislang.

In welchen dieser Glaubenssätze haben Sie sich wiedererkannt? Und was verändert sich, wenn Sie die jeweiligen sechs Antworten lesen? Inwieweit schaffen es diese Einsichten, die Wirkung des Glaubenssatzes zu dämpfen?

Und was hat der Fragen-TÜV bei Ihren eigenen Glaubenssätzen ergeben? Gehen Sie jeden einzelnen durch, und fragen Sie sich: Ist der Preis, den ich dafür bezahle, akzeptabel? Oder würde ich ohne diesen Satz leichter und besser leben?

Zwar lassen sich Glaubenssätze nicht ablegen wie ein altes Kleidungsstück, sie sind hartnäckig. Aber loswerden können Sie sie dennoch – indem Sie den dysfunktionalen Glaubenssatz durch einen neuen ersetzen, der Ihnen im wahrsten Sinne dient.

Ich heirate mein Denken!

Jeden Morgen entscheiden Sie sich für eine bestimmte Kleidung. Sie treten vor den Spiegel, um zu prüfen, wie diese Kleidung sitzt. Sie rücken Pulli, Bluse oder Hemd zurecht. Aber wie sieht es aus mit Ihrer Innenwelt? Entscheiden Sie sich jeden Morgen für ein bestimmtes Denken? Oder tragen Sie Ihre Überzeugungen ungeprüft in die Welt hinaus?

Wir kennen unsere Kleidung, wenn wir das Haus verlassen, nicht aber unsere Glaubenssätze. Viele Situationen, die sich in Ihrem Leben wiederholen, verlocken Sie zur Wiederholung eines alten Verhaltens. In Ihnen springt ein Verhaltensprogramm an, das sich aus einem unsichtbaren Glaubenssatz speist.

Wie kann es Ihnen gelingen, diesen Automatismus zu unterbrechen? Stellen Sie sich vor, es gäbe einen Glaubenssatz-Prüfer, der Sie durch den Alltag mit einer Kamera begleitet. Ganz egal, was Sie tun, er ist mit dabei. Bei jedem Verhalten, bei jeder Entscheidung von Ihnen fragt er sich: Welcher Glaubenssatz steht wohl dahinter?

Das Gedankenspiel mit dem Glaubenssatz-Prüfer hilft Ihnen, eine Situation aus zwei Perspektiven zu sehen: von innen, als Beteiligter – und von außen, als (neutraler) Beobachter. Die Außenperspektive macht Sie zum Regisseur: Sie können Ihren Auftritt mit Abstand beurteilen und verändern, statt darin gefangen zu sein.

Fragen Sie sich *während* einer Situation: Wie wird der Glaubenssatz-Prüfer die aktuelle Lage von außen beurteilen? Wenn es Ihnen hilft, können Sie einen ungewöhnlichen Gegenstand in

Ihrem Sichtfeld platzieren, der Sie an den Prüfer erinnert. Zum Beispiel tragen Sie eine Armbanduhr, obwohl Sie das eigentlich nicht tun. Und jedes Mal, wenn Sie die Uhr sehen, erinnern Sie sich: Ach ja, heute bin ich mit dem Glaubenssatz-Prüfer unterwegs.

Machen wir es an einem Beispiel konkret: Stellen Sie sich vor, es klingelt am späten Nachmittag Sturm an Ihrer Tür. Ihre etwas forsche Nachbarin baut sich vor Ihnen auf und bittet darum, dass Sie ihr für heute Abend den Grill leihen. Sie hatten den vagen Plan, heute Abend selbst mit ein paar Freuden zu grillen. Aber Sie haben noch niemanden eingeladen, es war nur eine Möglichkeit von vielen. Wie antworten Sie Ihrer Nachbarin?

Viele nette Menschen würden denken: *Natürlich bekommt sie den Grill. Ich kann mein Grillen ja auch noch auf morgen verschieben, es ist nichts ausgemacht. Und was soll sie von mir denken, wenn ich ihr den Grill verweigere?*

In diesem Moment sehen Sie vielleicht die Uhr an Ihrem Arm, denken an den Glaubenssatz-Prüfer und fragen sich: Welche heimliche Überzeugung leitet mich gerade? Hilft sie mir? Oder schadet sie mir? Und will ich diesem Glaubenssatz das Kommando überlassen? Oder tausche ich dieses Gedankenkleid mal eben aus?

Eine solche Prüfung kann sich in Millisekunden vollziehen. Dann antworten Sie nicht aus Reflex, sondern nach kurzer Reflexion. Vielleicht stoßen Sie bei der inneren Prüfung auf folgenden Glaubenssatz: *Ich muss helfen, wo ich kann!*

Wie gelingt es Ihnen, diese Überzeugung durch eine günstigere zu ersetzen? Am einfachsten, wenn Sie den Glaubenssatz schon im Vorfeld erkannt und sich eine stimmige Alternative ausgedacht haben. Gehen Sie all Ihre Glaubenssätze durch und fragen Sie sich bei jedem:

- Was will ich stattdessen denken?
- Wie behalte ich meine Interessen und Werte besser im Blick?
- Welche Überzeugung hilft mir, so zu handeln, dass ich mich damit auf längere Sicht wohler fühle?

Aus diesen Erkenntnissen können Sie einen neuen Glaubenssatz formen, der sich nicht aus Willkür, sondern aus Ihrem Willen speist. Eine Klientin von mir fand zu *Ich muss helfen, wo ich kann!* drei Alternativen:

1. *Ich helfe nur, wenn ich es wirklich will und es meinen eigenen Interessen nicht schadet.*
2. *Ich helfe niemals denen, die sich selber helfen können, denn das würde sie schwächen.*
3. *Ich helfe denen, die mir auch helfen (oder helfen würden). Die anderen, die mich ausnutzen wollen, lasse ich abblitzen.*

Angenommen Sie haben sich für den neuen Glaubenssatz entschieden, dass Sie nur helfen, wenn es Ihren »eigenen Interessen nicht schadet«. Dann könnten Sie zu Ihrer Nachbarin sagen, was Sie tatsächlich denken:

»Normalerweise kannst du unseren Grill gerne ausleihen. Heute allerdings wollen wir vielleicht selber mit Freunden grillen. Deshalb mag ich mich jetzt noch nicht festlegen. Ich sage dir bis 18 Uhr Bescheid, ob wir den Grill brauchen oder du ihn heute Abend haben kannst.«

Stimmige Glaubenssätze schützen Sie vor Manipulation. Wie schwer es fällt, eine *kleine* Hilfe abzulehnen, zeigt ein wissenschaftliches Experiment beim Spenden-Sammeln: Allein durch die Formulierung »Schon ein einziger Cent würde helfen« lässt sich die Zahl der Spender um das Zweieinhalbfache steigern. Menschen spenden, ohne wirklich spenden zu wollen, weil nur eine Winzigkeit von ihnen verlangt wird.[56] Der moralische Druck ist enorm. Derselbe Effekt tritt ein, wenn Ihr Chef zu Ihnen sagt: »Es hilft schon, wenn Sie ein paar Minuten länger arbeiten!« Oder Ihr Kollege: »Schon mit 50 Cent würdest du mir helfen!«

Mit dem neuen Glaubenssatz können Sie diese Manipulationsversuche abwehren. Integrität bedeutet, dass Sie Ihre Worte in Einklang mit der Realität bringen.[57] Sie werden staunen, welche Kraft Ihnen diese Stimmigkeit verleiht. Denn statt den anderen zu brüskieren, wird sein Respekt vor Ihnen wachsen.

Und hier mögliche Alternativen zu weiteren Überzeugungen:

Ich sollte mich nicht so wichtig nehmen.

Drei Alternativen:

1. *Ich habe das Recht, mich wichtig zu nehmen – nur dann werde ich von anderen wichtig genommen.*
2. *Ich nehme mich wichtig, ohne mich wichtig zu machen. Ich zeige einfach, wer ich bin.*
3. *Ich respektiere mich selbst und meine Bedürfnisse, nur so kann ich andere aufrichtig respektieren.*

Ich kann mich doch nicht wegen jeder Kleinigkeit beschweren.

Drei Alternativen:

1. *Wenn mich etwas stört, habe ich das Recht, das zu sagen.*
2. *Wenn ich reklamiere, erhöhe ich die Chance auf das, was ich wirklich brauche.*
3. *Jeder Anlass zur Beschwerde ist ein kostenloses Training für mein Selbstbewusstsein.*

Bitte gehen Sie Ihre eigenen Glaubenssätze durch und entwickeln Sie für jeden drei Alternativen. Experimentieren Sie im Alltag damit, welche davon sich als Richtschnur fürs Handeln am besten bewährt. Geben Sie Ihrem neuen Denken das Ja-Wort, als wollten Sie es heiraten. Je öfter es Ihnen gelingt, den alten Glaubenssatz zu ersetzen, desto mehr gerät dieser in Vergessenheit. Dann handeln Sie weniger nett – aber deutlich stimmiger.

Meine Nettigkeits-Prüfung

Die Lügnerin im Seminar

Die Situation: Das Probe-Wochenende meines alljährlichen Ausbildungsgangs zum Karriereberater neigt sich dem Ende. Ich blicke in zufriedene Gesichter. Beim Abschied bekräftigen die Teilnehmer, den kompletten Kurs zu belegen. Nur Frau Meinel, eine Managerin, die als Letzte geht, überrascht mich mit der Aussage: »Ich führe den Kurs nur fort, wenn ich den Vorzugspreis bekomme! Ich habe von einem anderen Teilnehmer erfahren, dass Sie ihm einen Rabatt gegeben haben. Den möchte ich auch.«

Ich bin wie vor den Kopf gestoßen. Niemand hat für diesen Kurs je einen Rabatt bekommen. Wie soll ich der Kundin jetzt antworten: diplomatisch oder direkt?

Übung: Wie hätten Sie an meiner Stelle reagiert?

____

____

____

____

Meine Reaktion: Ich entscheide mich, ihr Grenzen zu setzen – und sage: »Ich kann Ihnen versichern, dass alle dasselbe bezahlen – in diesem Kurs und auch in allen Jahrgängen davor. Aber wenn Sie jetzt Zweifel haben, ob die Ausbildung für Sie den vollen Preis wert ist, dann sollten Sie den Kurs abbrechen – dann ist er für Sie nicht das Richtige.« Frau Meinel rudert sofort zurück und spricht von einem »Missverständnis«.

Bewertung aus heutiger Sicht: Ich finde meine Reaktion nach wie vor gut.

Kommentar: Frau Meinel stellt mich durch ihr Psychospielchen auf die Probe. Lass ich es mit mir machen oder nicht? Die klare Abgrenzung gelingt mir, weil ich ein gutes Gewissen habe und zugleich im Namen der anderen Teilnehmer spreche, die alle regulär bezahlen. Klare Kante kann sozial sein.

Übrigens: Frau Meinel hat den Kurs dann doch belegt und mich mit auffallendem Respekt behandelt. Ich wusste, woher er kam!

Die Nettigkeits-Falle: Ich war drauf und dran, mich freundlich zu rechtfertigen: »Ich kann mir das nicht erklären, warum Ihnen jemand von einem Rabatt erzählt hat. Es stimmt jedenfalls nicht.« Das wäre ein Fehler gewesen: Nicht ich musste mich rechtfertigen – sondern sie!

Meine Lehre: Wenn jemand deine Grenzen testet: Klopf ihm auf die Finger! Tu es einmal deutlich, dann ist kein zweites Mal nötig – und du erntest Respekt.

Teil 2:
Die Chancen der Netten

5 Respekt sichern: So nimmt Sie jeder ernst

In diesem Kapitel erfahren Sie …

- woran es wirklich liegt, wenn Sie zu wenig respektiert werden,
- warum die meisten Deutschen Angst vor einer Beförderung haben,
- welche fünf Wege Ihnen ungeahnten Respekt einbringen und
- was der Kampf zweier Wölfe mit Ihrem Selbstrespekt zu tun hat.

Wie respektiert sind Sie wirklich?

Der Chef stampft wütend mit seinem Lackschuh auf und bellt die Mitarbeiterin an: »Ich fordere Respekt von Ihnen!« Ihr flapsiger Ton hat ihn aufgebracht. Doch seine Forderung ist aussichtslos: Wer Respekt einfordern muss, hat ihn schon verloren. Verliehenes Geld können Sie zurückfordern – das schuldet Ihnen jemand. Aber Respekt können Sie nicht einfordern – niemand ist Ihnen diesen schuldig.

Und doch haben Sie die Chance, von allen Seiten respektiert zu werden – indem Sie Ihre Persönlichkeit zeigen, Ihre Grenzen definieren und dem Kompass Ihrer persönlichen Werte folgen.

Wie respektiert sind Sie in Ihrem Umfeld? Der folgende Test liefert Ihnen eine Antwort. Bitte kreuzen Sie jene Aussagen an, denen Sie zustimmen können. Es folgt eine kleine Auswertung.

Respekt-Test

1. Ich werde ausreichend gesehen und gewürdigt.	
2. Andere Menschen bringen mir in der Regel große Wertschätzung entgegen.	
3. Wenn ich etwas sage, genieße ich große Aufmerksamkeit.	
4. Meine Meinung ist gefragt und hat bei Entscheidungen Gewicht.	
5. Meine Bedürfnisse werden von anderen ernst genommen.	

6. Es kommt selten vor, dass mich jemand überfordern oder über den Tisch ziehen will.	
7. Es passiert kaum, dass andere mir gegenüber laut oder unverschämt werden.	
8. Es bleiben kaum Aufgaben an mir hängen, für die sich andere zu schade sind.	
9. Andere schätzen mich auch dann, wenn ich mal nicht tu, was sie von mir erwarten.	
10. Meine Mitmenschen trauen mir zu, schwierige Aufgaben zu bewältigen.	
11. Wenn ich Nein sage, wird das ohne großes Nachbohren akzeptiert.	
12. Andere gestehen mir zu, auch mal schlecht drauf zu sein.	

Auswertung

11- bis 12-mal Ja: Offenbar genießen Sie hohen Respekt, der sich aus Ihrer Persönlichkeit speist. Andere schätzen Sie, nehmen Sie ernst und gehen auf Ihre Bedürfnisse ein. Kaum jemand versucht, Sie zu überfordern oder in seinem Sinne zu verbiegen.

9- bis 10-mal Ja: In den meisten Fällen werden Sie respektiert. Man nimmt Sie als Persönlichkeit ernst. Doch es gibt Ausnahmen, in denen Sie möglicherweise zu nett sind – und unterschätzt werden.

6- bis 8-mal Ja: Sie werden respektiert, aber nicht oft genug. Immer wieder passiert es, dass Sie als netter Mensch mit Ihren Bedürfnissen nicht ernst genug genommen werden. Manchmal werden Sie übersehen oder nicht ausreichend gehört.

4- bis 5-mal Ja: Sie sitzen voll in der Nettigkeits-Falle. Offenbar ist es die Ausnahme, dass andere Menschen Ihnen Respekt erweisen. Öfter werden Sie vor fremde Karren gespannt oder einfach übergangen.
0- bis 3-mal Ja: Was Sie von Ihren Mitmenschen an Respekt bekommen, ist kaum der Rede wert. Oft werden Sie bedrängt, ignoriert und nicht ernst genommen. Aber offenbar verfügen Sie über den festen Willen, das zu verändern – sonst hätten Sie nicht zu diesem Buch gegriffen.

Der Kampf der beiden Wölfe

Der Indianerhäuptling saß mit seinem Sohn am Lagerfeuer, über den beiden glitzerte der Sternenhimmel. Irgendwo in der Ferne heulte ein Kojote. Der Sohn hatte sich beklagt, dass ihn der Stamm nicht ausreichend respektierte. Er wollte wissen, warum das so war.

Der Häuptling zog an seiner Pfeife, ließ im Mondlicht Wölkchen zum Himmel steigen und antwortete dann: »Mein Sohn, in jedem von uns kämpfen zwei Wölfe. Der eine Wolf ist böse. Er wittert deine Selbstzweifel und deine Feigheit. Er spürt deine Angst, zu dir selbst zu stehen. Und dann gibt es noch den anderen Wolf, und der ist gut. Er wittert deine Größe und deine Talente. Er spürt deinen Mut, dich selbst zu respektieren und dich auch in der Niederlage zu lieben. Diese beiden Wölfe, der gute und der böse, kämpfen rund um die Uhr miteinander.«

Der Sohn wagte es kaum, die entscheidende Frage zu stellen, aber er gab sich einen Ruck: »Und welcher Wolf, Vater, wird in mir gewinnen?«

Der Vater sah lange zum Sternenhimmel, ehe er antwortete: »Der, den du fütterst.«

Was wir über uns denken, wird zur Realität. Die Außenwelt, die wir erleben, ist ein Spiegelbild unseres Innenlebens:

- Wer in sich Selbstzweifel nährt, an dem zweifeln auch andere.
- Wer viel über seine Minderwertigkeit nachdenkt, wird als minderwertig wahrgenommen.
- Wer nicht zu sich steht, hinter dem steht auch kein anderer.

Diese Erkenntnis ist schmerzlich, denn Sie können die Verantwortung nicht auf andere abschieben. Alles, was passiert, hat mit Ihnen zu tun. Aber in dieser Erkenntnis wohnt auch eine große Chance:

- Fangen Sie an, sich mehr zu respektieren – und Sie werden mehr Respekt ernten.
- Fangen Sie an, sich für wertvoller zu halten – und die anderen billigen Ihnen einen größeren Wert zu.
- Fangen Sie an, öfter zu sich zu stehen – und die anderen werden öfter hinter Ihnen stehen.

Welchen Ihrer beiden Wölfe füttern Sie? Den Wolf des Selbstrespekts? Nehmen Sie sich ernst? Denken Sie gut über sich? Stehen zu sich selbst, auch wenn es eng wird?

Oder füttern Sie den Wolf des Selbstzweifels? Reden Sie Ihre Bedürfnisse klein? Denken Sie schlecht über sich? Und beschimpfen Sie sich innerlich durch Sätze wie: »Das war wieder so blöd von dir!«?

Mangelnder Selbstrespekt tut weh. Der Psychologe Nathaniel Branden schreibt: »Im Gerichtssaal meines Verstandes gibt es nur ein Urteil, das zählt: meins. Mein Ego (…) ist der Richter, vor dem es kein Entkommen gibt. Ich kann Personen meiden, die die demütigende Wahrheit über mich erfahren haben. Mich selbst kann ich nicht meiden.«[58]

Ein negatives Selbstbild erzeugt ein Echo in der Welt. Hier ein paar Beispiele aus Beratungen:

- Da ist der Industriekaufmann, der sich von seinem Chef stets ignoriert fühlt – die wichtigen Aufgaben wandern auf die Tische seiner Kollegen. Warum übersieht der Chef seine Qualitäten?
- Da ist die Fitnesstrainerin, die sich von ihren Kunden schlecht behandelt fühlt: Immer wird sie persönlich angemotzt, wenn eine Kleinigkeit an den Geräten nicht funktioniert. Warum lassen alle den Frust an ihr aus?
- Da ist der alleinerziehende Familienvater, der beim Elternabend von einem Lehrer zur Schnecke gemacht wird, weil sein zwölfjähriger Sohn frech in der Schule ist. Warum muss er sich einen solchen Angriff gefallen lassen?
- Da ist die Auszubildende, die so gern in den Sommerferien eine Reise mit einer Freundin unternommen hätte, einer Schülerin. Aber bei der Urlaubsplanung im Betrieb wurde ihr Wunsch einfach übergangen. Warum ist ihr Wille so unwichtig?

Manchmal empfinden solche Klienten sogar eine gewisse Befriedigung, wenn sie den Respekt-Test absolvieren und das Ergebnis sehen: »Das habe ich geahnt, dass mich keiner ernst nimmt!« Es klingt wie eine Anklage.

Geht es Ihnen ähnlich? Sind Sie wütend auf die anderen? Das wäre verständlich, denn wir alle sehnen uns nach Anerkennung und Respekt. Aber erinnern Sie sich daran: Respekt lässt sich nicht einfordern, er will verdient sein.

Damit überrasche ich meine Klienten: Ich lege ihnen den Respekt-Test ein zweites Mal vor. Nur beziehen sich die Fragen diesmal auf ihr Selbstbild. Bitte kreuzen Sie erneut an, welchen Aussagen Sie zustimmen können:

Selbstrespekt-Test

1. Ich würdige mich selbst als Persönlichkeit und schenke mir Aufmerksamkeit.	
2. Ich begegne mir im Alltag mit großer Wertschätzung.	
3. Ich stehe zu meinen Überzeugungen und verteidige sie.	
4. Meine Entscheidungen hängen vor allem davon ab, was ich fühle und will (nicht, was die anderen wollen).	
5. Ich nehme meine eigenen Wünsche und Bedürfnisse ernst und trete für sie ein.	
6. Es kommt selten vor, dass ich mich selbst überfordere und mir zu viel zumute.	
7. Es passiert kaum, dass ich mich innerlich verfluche oder herabwürdige.	
8. Ich mute mir kaum Aufgaben zu, die ich anderen nicht auch zumuten würde.	
9. Ich schätze mich auch dann, wenn ich meine Ziele verfehle.	

10. Ich traue mir schwierige Aufgaben und Herausforderungen zu.	
11. Ich akzeptiere es, wenn ich etwas nicht will (auch wenn es andere von mir wollen).	
12. Ich gestehe mir zu, auch mal schlecht drauf zu sein und das nach außen zu zeigen.	

Wie sieht Ihr Ergebnis aus? Deutlich besser als beim ersten Mal? Ich würde es Ihnen gönnen, aber durch Hunderte von Auswertungen weiß ich: Beide Werte, Respekt und Selbstrespekt, hängen voneinander ab. Wer sich selbst wenig respektiert, erntet wenig Respekt – so wie ein Bauer, der keine Saat streut, im Herbst vorm leeren Feld steht. Dagegen fahren Menschen, die sich selbst respektieren, den Respekt anderer ein, ohne darum zu buhlen.

Nun könnten Sie entgegenhalten: Gibt es nicht Rüpel, die einfach jeden respektlos behandeln? Bitte rufen Sie sich einen solchen Menschen ins Gedächtnis und fragen Sie sich: Bringt er wirklich *allen* so wenig Respekt entgegen? Fällt er ausnahmslos über jeden her? Oder kann es sein, dass er vor einigen mehr Respekt hat – und vor vielen anderen weniger?

Das Verhalten der anderen ist *auch* eine Antwort auf das, was Sie tun oder ausstrahlen. Nehmen Sie die Beispiele von oben:

- Der Industriekaufmann, der von seinem Chef übersehen wird, zweifelt tief innen selbst an seinen Fähigkeiten – deshalb trägt er eine mentale Tarnkappe.
- Die Fitnesstrainerin, die von ihren Kunden schlecht behan-

delt wird, bietet sich durch ihre grenzenlose Freundlichkeit als Prügelknabe bzw. -mädchen an.

- Der alleinerziehende Vater, der vom Lehrer seines Sohnes angeraunzt wird, hat oft das Gefühl, seinem Sohn nicht gerecht zu werden – das strahlt er anscheinend aus.
- Und die Auszubildende, die bei der Urlaubsplanung übergangen wird, quittiert sogar Negatives noch mit einem Lächeln – wird also nicht ernst genommen.

Mangelnder Selbstrespekt spiegelt sich in der Außenwelt. Falls andere Sie zu wenig respektieren, hat das mit Ihnen selbst zu tun. Das bedeutet: Sie haben es selbst in der Hand! Wenn Sie sich selbst mehr respektieren, werden Sie mehr Respekt von außen ernten – also *indirekt* das Verhalten der anderen beeinflussen.

Die Angst vor der Beförderung

»Ich hab's vergeigt!«, schimpfte die Kundenberaterin Elfi Yildiz (34). Gerade war ihr die Chance ihres Lebens entgangen. Beim Mitarbeitergespräch hatte ihr Chef erzählt, dass zwei neue Beraterteams aufgebaut würden. Er lobte ihre Leistung, hob die positiven Rückmeldungen der Kunden hervor und kündigte an, sie zur Leiterin einer Gruppe zu befördern.

»Es war, als hätte mich der Blitz getroffen«, erzählte Yildiz. »Ich saß auf meinem Stuhl und brachte keinen Ton heraus, bis mein Chef sagte: ›Sie sehen nicht aus, als würden Sie sich über die Nachricht freuen.‹«

Nun erklärte sie ihm, er überschätze sie maßlos, sie sei einer solchen Position nicht gewachsen. Dabei legte sie sich ins Zeug und gab sogar Beispiele für Situationen, in denen sie jetzt schon überfordert sei.

»Wie hat Ihr Chef reagiert?«, fragte ich.

»Er hat versucht, mir meine Bedenken auszureden. Er meinte, es sei normal, dass man sich bei einer Beförderung zunächst überfordert fühlt. Ich sollte einfach mal eine Nacht drüber schlafen.«

»Haben Sie das getan?«

»Leider nicht. Es kam mir vor, als hätte mir jemand einen Rucksack umgeschnallt, der mich in die Knie zwingt. Ich musste ihn *sofort* ablegen. Also habe ich meinem Chef gesagt, dass ich für die Position die Falsche bin.«

Am Ende hatte sie ihren Chef überzeugt: Er akzeptierte ihr Nein.

Dieses Gespräch lag sechs Monate zurück, als Yildiz zu mir in die Beratung kam. An ihrer Stelle war eine jüngere Kollegin befördert worden, die sich dem Job offenbar gewachsen fühlte. »Dabei hat sie viel weniger Erfahrung als ich und kommuniziert auch deutlich schlechter«, erzählte Yildiz. Mittlerweile hatte sie ein erneutes Gespräch mit ihrem Chef gesucht, um ihre Bereitschaft doch noch zu signalisieren. Aber der hatte ihr zu verstehen gegeben, vorerst seien keine neuen Führungsjobs zu vergeben. »Und wenn sich noch mal eine Tür öffnet, müssen wir schauen, wie weit Sie dann sind.«

Offenbar sah derselbe Chef, der ihr den Führungsjob vor einem halben Jahr noch zugetraut hatte, die Sache mittlerweile anders. Ihr mangelnder Selbstrespekt hatte sich wie eine ansteckende Krankheit auf ihn übertragen. Weil sie an sich selbst zweifelte, stieß *er* nun in dasselbe Horn.

Die Vorstellung, auf dem Chefsessel zu sitzen, ist bei vielen netten Menschen negativ besetzt. Zum Beispiel denken sie: »Wenn ich Chef bin, muss ich hart durchgreifen. Aber das kann ich nicht. Ich möchte meine Mitarbeiter nicht kritisieren, nicht abmahnen und schon gar nicht entlassen – das würde mir schlaflose Nächte bereiten.«

Offenbar ist die Zahl der netten Menschen hierzulande besonders groß: Nach einer Umfrage der Boston Consulting Group möchten nur sieben Prozent der Beschäftigten in Deutschland in den nächsten fünf bis zehn Jahren eine Führungsposition übernehmen. Das ist international der geringste Wert. In China liegt die Zahl der Führungswilligen bei 47 Prozent, also fast siebenmal so hoch wie in Deutschland.[59]

Was geht durch Ihren Kopf, wenn Sie sich vorstellen, eine (höhere) Führungsposition zu bekleiden? Es gibt zwei Sichtweisen: Sie können Ihre Nettigkeit als Hinderungsgrund ansehen – etwa, weil in Ihrem Hinterkopf der Glaubenssatz spukt: »Für eine Führungsposition bin ich nicht hart genug.« Sie können Ihre Nettigkeit aber auch als Argument für sich betrachten: »Gerade mein Einfühlungsvermögen macht mich zu einer hervorragenden Führungskraft.«

Zum Beispiel denken Sie: »Was für eine großartige Chance, die Arbeitswelt ein wenig sozialer zu machen. Als Führungskraft liegt es an mir, Mitarbeiter zu fördern. Ich kann dafür sorgen, dass Gehälter gerechter verteilt werden. Und die Mitarbeiter werden es schätzen, dass ich ihnen beim Kritisieren nicht gleich den Kopf abreiße – dafür werde ich eine freundliche, aber zugleich deutliche Sprache anschlagen.«

Das setzt ein hohes Maß an Selbstrespekt voraus. Aber wie

können Sie diesen aufbauen? Zum Beispiel durch Affirmationen – das sind Sätze, die man zu sich selber sagt, um sich zu stärken und anzuspornen. Je öfter Sie einen solchen Satz aussprechen, desto tiefer sickert er in Ihr Unbewusstes.

Wie wirksam Affirmationen sind, können Sie daran sehen, dass Kinder sie auf natürliche Weise verwenden. Ich zum Beispiel hatte, wie bereits erwähnt, große Angst vor unserem finsteren Kartoffelkeller. Und jedes Mal, wenn mich meine Mutter dorthin schickte, sang ich laut zur Melodie von »Bruder Jakob« vor mich hin: »Ich bin mutig, ich bin mutig – alles klar, alles klar!« Erst hat mich dieser Gesang nur abgelenkt von meiner Angst. Aber nach einiger Zeit schwand die Angst. Ich hatte mir den Mut eingesungen.

Probieren Sie es aus: Sprechen Sie jeden Abend vorm Einschlafen die folgenden Sätze aus, so bestimmt und klar wie möglich.

Affirmationen für Nette

1. Ich bin einmalig in dieser Welt. Mich hat es in all den Jahrtausenden noch nie gegeben, und mich wird es nie wieder geben.
2. Ich bin ein wertvoller Mensch.
3. Ich genieße meine kurze Lebenszeit.
4. Ich bin froh, dass ich bin, wie ich bin.
5. Ich bin stolz auf mich.
6. Ich liebe mich mit all meinen Stärken und Schwächen.
7. Ich habe es verdient, glücklich zu sein.
8. Ich hole mir vom Leben, was ich für mein Glück brauche.

9. Ich nehme meine Bedürfnisse wichtig.
10. Ich weiß selbst, was gut für mich ist, und bin unabhängig von der Meinung anderer.
11. Ich zeige offen, wer ich bin, das sollen alle sehen.
12. Ich sage, was ich denke, das sollen alle hören.
13. Ich lehne ab, was mir nicht gefällt, auch wenn andere es von mir wollen.
14. Obwohl ich nicht fehlerfrei bin, akzeptiere ich mich.[60]
15. Ich verbiege mich nicht, um anderen zu gefallen.
16. Ich wachse an Konflikten.
17. Nicht jeder muss mich mögen, denn ich mag mich selbst.
18. Ich bin gut darin, die Bedürfnisse anderer Menschen zu erkennen.
19. Ich bin gut darin, meine eigenen Bedürfnisse zu erkennen.
20. Ich sorge dafür, dass es mir gutgeht, nur dann habe ich Kraft für andere.
21. Ich grenze mich ab, damit mein Leben ein sicherer Raum ist.
22. Ich lebe so, dass ich wachse und mich wohlfühle.
23. Ich höre in mich hinein und respektiere meine Gefühle.
24. Ich kann andere kritisieren, ohne sie zu verletzen.
25. Ich kann andere zurückweisen, ohne sie vor den Kopf zu stoßen.
26. Wenn sich dennoch jemand verletzt fühlt, hat es mit ihm zu tun, und ich akzeptiere das.
27. Ich bin gut darin, anderen zu verzeihen.
28. Ich bin gut darin, mir selber zu verzeihen.
29. Ich traue mir Großes zu, weil ich an mich glaube.
30. Und weil ich an mich glaube, erreiche ich Großes.

Vielleicht erscheint es Ihnen noch merkwürdig, solche Dinge über sich zu sagen. Tun Sie es dennoch mindestens 30 Tage nacheinander. Zwar wirken Affirmationen nicht bei jedem gleich gut. Aber ich habe in 20 Jahren noch keinen Menschen erlebt, der solche Sätze über Wochen täglich ausgesprochen hat, ohne an Selbstrespekt zu gewinnen.

In etlichen Fällen dachten Menschen sogar, die Affirmationen liefen bei ihnen ins Leere. Doch dann wurden sie angesprochen: »Du wirkst auf einmal so befreit – was ist los mit dir?« Oder es fiel ihnen auf, dass sie plötzlich von Leuten nach ihrer Meinung gefragt wurden, die sich sonst nie dafür interessiert hatten. Und in mehreren Fällen kam es sogar zu überraschenden Jobangeboten.

Stellen Sie sich Ihr Unbewusstes wie ein tiefes Meer vor. Die Affirmationen sind kleine Kieselsteine, die Sie in dieses Wasser werfen. Sie sinken leise und brauchen lang, bis sie den Grund erreichen. Aber dann bleiben sie dort liegen, türmen sich auf und verändern die Struktur.

Wandeln Sie die vorgeschlagenen Sätze gern so ab, dass sie Ihnen leicht über die Zunge gehen. Und ergänzen Sie Affirmationen, die sich auf Ihre persönliche Situation beziehen. Worin besteht Ihre Herausforderung? Wollen Sie eine Führungsposition übernehmen? Im Privatleben mehr Raum für sich haben? Mit einer größeren Leichtigkeit zu anderen Nein sagen? Überlegen Sie sich Sätze in der Ich-Form, die Sie in diesen Anliegen stärken. Und sprechen Sie diese Sätze vorm Einschlafen.

Elfi Yildiz schrieb acht Sätze auf, die alle dieselbe Botschaft enthielten: dass sie eine gute Führungskraft war. Abend für Abend sprach sie diese Affirmationen aus. Die ersten Wochen beobachtete sie keine Wirkung. Doch dann, nach einem knappen Monat, fand sie den Mut für einen neuen Vorstoß bei ihrem Chef.

Und in diesem Gespräch verspürte sie eine ungeahnte Kraft. »Ich hatte keine Angst, ich war mir meiner Sache sicher«, erzählte sie später verblüfft. Statt als kleine Bittstellerin aufzulaufen, machte sie ihrem Chef deutlich, dass sie sich innerlich für eine Führungsaufgabe entschieden habe, »am liebsten hier im Haus«. Offenbar verstand der Chef die unterschwellige Botschaft: wenn nicht hier, dann woanders. Und seine beste Mitarbeiterin wollte er keinesfalls verlieren. Deshalb dauerte es nur drei Monate, bis er extra für sie eine Führungsposition schuf. Diese bekleidet Yildiz bis heute – mit Erfolg.

Fünf Wege, wie Sie Respekt gewinnen

Was ist Ihnen wichtiger: ein gutes Gehalt – oder dass Sie bei der Arbeit respektiert werden? Bei einer Studie des Forschungsprojekts »Respect Research Group« kam heraus, dass die meisten Menschen den Respekt wichtiger nehmen. Es ist der zweitgrößte Wunsch überhaupt bei der Arbeit, direkt hinter einer spannenden Aufgabe.[61] Und ich bin sicher, dass sich diese Studie auch aufs Privatleben übertragen lässt: Jedem Kind der Welt ist der Respekt der Eltern wichtiger als das Taschengeld.

Das Wort »Respekt« kommt aus dem Lateinischen und bedeutet: Rücksicht oder Berücksichtigung. Nehmen Sie »Rück-Sicht« wörtlich: Jemand wirft einen Blick auf uns, wir werden gesehen, gewürdigt, berücksichtigt. Das Gegenteil von Respekt ist nicht Verachtung, sondern Ignoranz: Nette Menschen werden oft übergangen oder komplett übersehen. Erst neulich hat sich eine Klientin bei mir darüber beklagt:

- Ich denke immer an alle Geburtstage, sogar an die entfernter Bekannter. Aber nur die Hälfte davon gratuliert auch mir!
- Ich wollte neulich mit einer Kollegin über ein Erziehungsproblem reden. Aber obwohl ich ihr immer gut zuhöre, hatte sie kein Ohr für mich.
- Ich grüße die Menschen, die ich auf dem Firmenflur treffe, immer höflich. Doch die schauen oft durch mich hindurch.

Stellen Sie sich den Respekt, den Sie anderen erweisen, einmal als Abbuchung von Ihrem inneren Bankkonto vor. Wenn Sie mehr geben, als Sie einnehmen, gehen Sie emotional pleite. Darum ist ein Gleichgewicht so wichtig: aus Geben und Nehmen, aus Respektieren und Respektiertwerden.

Gesunder Selbstrespekt zieht den Respekt Ihrer Mitmenschen an. Die folgenden fünf Verhaltensweisen sind Respektbringer und können dafür sorgen, dass Ihr inneres Konto stets ausgeglichen bleibt:

1. Beziehen Sie Position (statt es allen recht machen zu wollen).

Viele nette Menschen üben ein besonderes Hobby aus: Gedankenleserei. Ehe sie ihre Meinung sagen, fragen sie sich: Wie denkt der andere darüber? Was will er hören? Sie sagen das Erwünschte, nicht das Empfundene.

Respekt gewinnen Sie anders: indem Sie Position beziehen. Hören Sie auf, Ihre Gedanken zu zensieren. Sagen Sie, was Ihnen durch den Kopf geht, auch wenn nicht jeder Gedanke allen gefällt. Es zeugt von Stärke, wenn Sie ehrlich sind und zu sich stehen.

Sie mögen an dieser Stelle einwenden: Aber laufe ich nicht Gefahr, andere mit einer abweichenden Meinung zu verärgern? Und wenn schon. Erstens ist es Ihr gutes Recht, jemanden zu verärgern. Sie sind nur für Ihre Gedanken verantwortlich, nicht für die Reaktion darauf. Und zweitens kommen auf einen, der Ihre Meinung nicht teilt, oft zwei, die denken: »Gut, dass es endlich jemand sagt!«

Wer klare Standpunkte vertritt, genießt hohen Respekt. Meist stehen Menschen mit klarer Meinung in der Hierarchie weit oben, und andere raunen anerkennend: »Er sagt immer, was er denkt.«

2. Sagen Sie, was Sie brauchen (statt zu hoffen, dass der andere es errät).

Ein häufiger Satz, den nette Menschen in der Beratung sagen: »Mein Chef muss doch sehen, dass …« – und jetzt folgen Aussagen wie:

- ich eine Gehaltserhöhung verdient habe.
- ich viel mehr als die Kollegen arbeite.
- ich bei der Urlaubsplanung immer übergangen werde.
- ich bei der Beförderung dran wäre.
- ich Entlastung bei meinem Projekt brauche.

Dann antworte ich provokant, wie zuletzt einem überlasteten Werbekaufmann: »Das mag ja sein. Aber was folgern Sie draus?«

»Na, dass er auf mich zukommt – und mich fragt, wie er mich entlasten kann«, antwortete er.

»Dann sehen Sie die Verantwortung, Ihre Arbeit auf ein gesundes Maß zu reduzieren, nicht bei sich selbst, sondern bei Ihrem Chef?«

Er stockte kurz. »Auch bei meinem Chef.«

»Und wer ist nach Ihrer Auffassung mehr für Ihr persönliches Wohl verantwortlich: Ihr Chef oder Sie selbst?«

»Er ist mein Chef! Ich kann ihm seine Führungsverantwortung doch nicht abnehmen.«

»Und wenn er über Sie sagen würde: ›Ich kann ihm seine Eigenverantwortung nicht abnehmen.‹ Inwieweit hätte er damit recht?«

»Irgendwie schon, aber. Hm.«

»Angenommen Sie würden auf Ihren Chef zugehen, ihm Ihre Situation schildern und eine klare Forderung stellen ...«

»Aber dann bin ich doch in einer schwachen Position, weil ich etwas von ihm will ...«

»Sehen Sie es doch mal so: Wenn Sie selber fordern, beweisen Sie Mut und unterstreichen die Dringlichkeit Ihrer Forderung. Sie haben nichts zu verlieren, aber viel zu gewinnen – vor allem den Respekt Ihres Chefs.«

Ich machte ihm meine Überlegung mit einem Bild anschaulich: »Es ist wie beim Fußball: Sie können jammernd auf dem Platz stehen und sich beklagen: ›Keiner spielt mich an.‹ Sie können sich den Ball aber auch holen und dann Ihr Tor schießen. Im ersten Fall treten Sie die Verantwortung an die anderen ab. Im zweiten Fall nehmen Sie die Verantwortung an – das ist unbequem, aber effektiv.«

Schließlich raffte sich der Werbekaufmann auf, als Anwalt in eigener Sache bei seinem Chef vorzusprechen. Der sagte: »Ich habe mich schon lange gewundert, wie Sie das alles schaffen.« Mit seinem Wunsch nach Entlastung rannte er offene Türen ein.

Welche Verhaltensweise bevorzugen Sie, wenn Sie etwas von einem anderen wünschen? Hoffen Sie, dass er Ihre Gedanken errät? Machen Sie Andeutungen, um ihn auf die richtige Fährte zu bringen? Grollen Sie im stillen Kämmerlein, wenn eben nichts geschieht? Dann schlage ich vor: Packen Sie den Stier bei den Hörnern. Sagen Sie direkt, was Sie brauchen. Zwar werden Sie nicht mit jeder Forderung sofort Erfolg haben. Aber wer einen Anspruch anmeldet, hat immer bessere Chancen als einer, der ihn runterschluckt. Und erntet mehr Respekt.

3. Lehnen Sie ab, was Ihnen nicht passt (statt zähneknirschend zuzustimmen).

»Tust du mir diesen Gefallen?«, wird ein netter Mensch gefragt.

»Na gut«, antwortet er.

Übersetzt heißt das: Ich will es nicht, aber tu es dennoch. Dann hütet er das Haus der Nachbarn, organisiert die Betriebsfeier, nimmt noch um Mitternacht die Anrufe der Kollegin mit Liebeskummer an oder empfängt einen unerwünschten Urlaubsgast im eigenen Haus.

Den letzten Fall habe ich erlebt: Die Chefsekretärin Christine Jahn (58) aus Norddeutschland lernte bei ihrem Urlaub in Griechenland die Studentin Clara (24) aus Stuttgart kennen. Man verstand sich gut und versprach, sich gegenseitig zu besuchen. Es war eher ein vages Versprechen. Doch es vergingen keine zwei Wochen, da rief Clara schon bei Christine Jahn an: Ob sie in zwei Wochen vorbeikommen könne? Sie wollte ein paar Tage in Hamburg verbringen, auch um alte Bekannte zu treffen.

Christine fühlte sich überfordert, aber gab sich einen Ruck und stimmte dem Besuch zu.

Das Ergebnis sah so aus: Clara nistete sich auf dem Sofa im Wohnzimmer ein, frühstückte morgens üppig, ohne je selbst etwas einzukaufen – und dann verschwand sie den ganzen Tag, um ihn mit ihren Bekannten zu verbringen. Erst zum Übernachten kehrte sie zurück.

Christine fühlte sich ausgenutzt, aber flüchtete sich nur in Andeutungen: »Wir haben jetzt ja noch gar nicht so viel miteinander gesprochen« – worauf ihr Gast nicht reagierte.

Ursprünglich waren drei Tage geplant. Der Besuch zog sich über eine komplette Woche hin. Als sie Clara dann endlich verabschiedete und innerlich aufatmete, sagte die zu ihrem Schrecken: »Es war toll bei dir, ich komme bestimmt wieder!«

Wer nett zu anderen ist, aber auf eigene Kosten, tut weder sich noch den anderen einen Gefallen. Der Dramatiker George Bernard Shaw hat es auf den Punkt gebracht: »Wenn du damit beginnst, dich denen aufzuopfern, die du liebst, wirst du damit enden, die zu hassen, denen du dich aufgeopfert hast.« Das gilt auch für Freundschaften oder Bekanntschaften.

Mehrfach hat Christine Jahn die Chance versäumt, Respekt zu gewinnen. Zum Beispiel hätte sie auf den Übernachtungswunsch sagen können: »Ich würde mich freuen, dich zu treffen. Nur einen Übernachtungsplatz kann ich dir nicht anbieten.« Auch zu einem späteren Zeitpunkt wäre eine Abgrenzung noch möglich gewesen: »Mir fällt auf, dass du deine Zeit nur mit anderen verbringst. Und ich habe das Gefühl, ich diene dir nur als Übernachtungsstätte. Damit fühle ich mich unwohl, deshalb bitte ich dich …«

Wer seine Gefühle offen ausdrückt, erweist sich Selbstrespekt, denn er nimmt die eigenen Bedürfnisse ernst. Und diese Klarheit ist ein Trumpf im Kontakt mit anderen, denn sie erzeugt Respekt.[62] Sicher wäre Clara damit nicht glücklich gewesen – aber sie hätte diesen Standpunkt akzeptiert. Und genau darum geht es: nicht von jedem geliebt, aber von jedem akzeptiert und respektiert zu werden.

4. Ergreifen Sie die Initiative (statt auf andere zu warten).

Der häufigste Grund, warum nette Menschen übersehen werden? Statt etwas zu machen, machen sie nur mit; das ist ein gewaltiger Unterschied. Ein Beispiel: Jemand hat die Idee, einen Ausflug zu unternehmen. Er denkt sich einen Ort und eine Zeit aus, ruft seine Freunde an, unterbreitet den anderen seinen Vorschlag. So wird er Respekt gewinnen, unabhängig von der Qualität seines Vorschlags. Er tut mehr, als er müsste. Und er geht ein Wagnis ein. Er weiß nicht, ob die anderen Zeit haben und ob ihnen sein Reiseziel gefällt.

In welcher Rolle sehen Sie sich in dieser Geschichte: Ergreifen Sie die Initiative? Gehen Sie das Risiko ein, auf Ablehnung zu stoßen? Oder schließen Sie sich eher der Reisegruppe an, womöglich gegen Ihren eigentlichen Willen?

Mit mehr Initiative sichern Sie sich mehr Respekt. Überlegen Sie sich, welche kleinen Vorstöße und Wagnisse Sie eingehen könnten, beruflich und privat. Ein paar Beispiele:

- Warten Sie nicht, bis Ihr Chef Ihnen ein spannendes Projekt zuweist – sondern bieten Sie an, es zu übernehmen.
- Schreiben Sie einen Leserbrief zu einem Thema, das Ihnen am

Herzen liegt. Oder veröffentlichen Sie im Internet geistreiche Kommentare unter Ihrem Klarnamen.

- Denken Sie sich ein Treffen Ihrer Freunde aus, wie es noch nie stattgefunden hat. Schlagen Sie zum Beispiel vor, dass alle über ein bestimmtes Thema oder ein Buch diskutieren.
- Gehen Sie auf einen Menschen zu, mit dem Sie sich in letzter Zeit schlechter verstehen als sonst. Sprechen Sie das Thema offen an und bitten Sie um eine Aussprache.
- Warten Sie bei der Urlaubsplanung im Job nicht, bis alle ihre Wünsche geäußert haben – sondern sagen Sie mal vorweg, welchen Zeitraum Sie gern freinehmen würden.
- Lassen Sie Ihren Chef wissen, dass Sie in der kommenden Woche nicht für Überstunden zur Verfügung stehen (noch ehe er damit auf Sie zukommt).

Ein Schritt nach vorne macht Sie stark und sichtbar. Vielleicht haben Sie Lust, sich selbst ein paar solcher Respekt-Initiativen auszudenken. Bitte entwickeln Sie drei spontane Ideen:

Initiative 1:

____

____

Erledigt bis zum (Datum):

____

Initiative 2:

____

____

Erledigt bis zum (Datum):

___

Initiative 3:

___

___

Erledigt bis zum (Datum):

___

5. Üben und ertragen Sie Kritik (statt Konflikte zu meiden).

Der Filialleiter Paul Neuer (35) ärgerte sich über das Verhalten einer Verkäuferin: Immer wieder führte sie im Verkaufsraum private Handy-Gespräche. Dabei war es Mitarbeitern untersagt, im Sichtfeld der Kunden zu telefonieren. Mehrfach hatte er versucht, die Verkäuferin durch strenge Blicke zur Ordnung zu rufen – vergeblich. In der Teamrunde hatte er gesagt: »In den Verkaufsräumen sind wir nur für die Kunden da, für niemanden sonst!« – ein Hinweis, den die Verkäuferin offenbar nicht auf sich bezog. Doch Paul Neuer fehlte der Mut, die Mitarbeiterin direkt anzusprechen. Vielleicht würde sich die Sache mit den Telefonaten von allein erledigen. Vielleicht war ja ihr Kind krank, und nur deshalb konnte sie mit den Telefonaten nicht bis zu ihrer Pause warten?

Erst nach einem halben Jahr platzte dem Filialleiter der Kragen: »Hören Sie endlich auf, im Verkaufsraum private Telefonate zu führen!«, fuhr er die Verkäuferin an. Doch die hatte kein schlechtes Gewissen, sondern gab ihm Kontra: »Ich begreife das nicht! Es war doch nie ein Problem für Sie, dass ich zwischendurch mal telefoniere. Warum ist das jetzt plötzlich anders?« Ihr Ton verriet, wie wenig Respekt sie vor ihm hatte.

Kommt Ihnen dieses Muster bekannt vor? Obwohl das Verhalten eines anderen Sie stört, äußern Sie keine klare Kritik? Ihr Frustpegel steigt langsam – bis dann alles aus Ihnen herausbricht, zur Verblüffung des anderen? Solche Ausbrüche kosten Sie Respekt, da Ihre Reaktion in keinem Verhältnis zum Anlass steht.

Ansehen gewinnen Sie, wenn Sie Ihre Kritik frühzeitig und klar äußern. Dabei hilft Ihnen die gewaltfreie Kommunikation nach Marshall Rosenberg, die in vier Schritten funktioniert:[63]

Schritt 1: Meine Beobachtung (ohne Deutung)

Schildern Sie Ihre Beobachtung, frei von Anklage: Was haben Sie wahrgenommen?

»Mir ist aufgefallen, dass Sie heute Vormittag zwei private Telefonate im Verkaufsraum geführt haben, eines davon in Anwesenheit von Kunden.«

Schritt 2: Mein Gefühl dabei

Beschreiben Sie, welches Gefühl diese Wahrnehmung in Ihnen ausgelöst hat:

»Ich habe gemerkt, dass ich mich über dieses Verhalten ärgere, weil es gegen unsere Vorschriften verstößt und Kunden verprellen kann.«

Schritt 3: Mein Bedürfnis

Sagen Sie, was Ihnen fehlt – benennen Sie Ihr Bedürfnis:

»Es ist mir wichtig, dass Sie sich im Verkaufsraum voll auf die

Kunden und die Arbeit konzentrieren – und jederzeit ansprechbar sind. Ich lege deshalb sehr großen Wert darauf, dass Sie sich wie Ihre Kolleginnen und Kollegen an unser Telefon-Verbot fürs Verkaufspersonal halten.«

Schritt 4: Meine Bitte

Leiten Sie daraus eine klare Bitte ab:

»Bitte führen Sie Ihre Telefonate künftig nur in den Pausen – und hinter den Kulissen, nicht im Verkaufsraum.«

Was macht Rosenbergs Methode so kraftvoll? Sie verzichtet komplett auf Anklagen. Vielmehr senden Sie Ich-Botschaften und sprechen über Ihre subjektiven Beobachtungen und Bedürfnisse. Die vier Schritte ermöglichen es Ihnen, Kritik so zu üben, dass Sie den anderen damit nicht verletzen, sich aber gleichzeitig seinen Respekt sichern.

Und wie gehen Sie selbst mit Kritik um? Stellen Sie sich vor, ein Angehöriger macht Ihnen Vorwürfe: »Ich finde es wirklich nicht in Ordnung, dass du die Geburtstagsfeier des Onkels hast sausen lassen. Er hatte sich so auf dich gefreut. Überhaupt kommst du zu den Familienfeiern nicht mehr so oft wie früher.«

Nun lauern zwei Fehler, die ich oft bei netten Menschen beobachte:

- Entweder trifft Sie die Kritik wie ein Hammerschlag, und Ihr Selbstbewusstsein bricht auf offener Bühne zusammen. Zum Beispiel lassen Sie den Kopf hängen, stammeln eine Entschuldigung oder bringen kein klares Wort mehr heraus.

- Oder Sie beeilen sich, dem Kritiker zuzustimmen, als wollten Sie so einem noch härteren Urteil entgehen: »Ich weiß ja, ich hätte kommen sollen. Und ich werfe mir selbst vor, dass ...«

Beide Reaktionen kosten Sie Respekt. Im ersten Fall zeigen Sie, dass Ihr Ego sich vom Urteil des anderen umstoßen lässt. Im zweiten Fall geben Sie sich unterwürfig, was den Angreifer zu neuen Attacken einlädt; Selbstanklagen ziehen Fremdanklagen nach sich.

Wie können Sie mit einer Kritik, die Sie für unberechtigt halten, souverän umgehen? Ich empfehle Ihnen die folgenden vier Schritte:

Schritt 1: Dank für die Rückmeldung

Bedanken Sie sich für die Rückmeldung, unabhängig davon, ob Sie den Inhalt teilen:

»Ich danke dir, dass du mir deinen Eindruck so offen schilderst. Das zeugt von Vertrauen, und ich schätze offene Aussprachen.«

Schritt 2: Verständnis äußern

Erklären Sie, inwieweit Sie die Kritik des anderen verstehen. Leiten Sie Ihre Erklärung gern mit der Formulierung »einerseits« ein:

»Einerseits verstehe ich es, dass ihr mich bei diesen Feiern vermisst. Schließlich war ich in den letzten Jahren fast jedes Mal dabei.«

Schritt 3: Eigene Motive und Bedürfnisse benennen

Entgegnen Sie, gern mit der einschränkenden Formulierung »andererseits«, was Sie geleitet hat und inwieweit Sie die Kritik zurückweisen:

»Andererseits brauche ich im Moment mehr Zeit für mich. Ich bin durch meine Arbeit sehr eingespannt. Und wenn ich keinen freien Kopf für eine solche Feier habe, finde ich eine Absage ehrlicher, als dass ich mich zum Hingehen zwinge.«

Schritt 4: Standpunkt empathisch bekräftigen
Machen Sie dem anderen deutlich, dass Sie zu Ihrer Überzeugung stehen – auch wenn er sie nicht teilen muss:

»Vielleicht würdest du an meiner Stelle anders handeln. Dafür habe ich volles Verständnis. Im Gegenzug erwarte ich, dass du meine Entscheidung respektierst.«

Wer eine solche Antwort von Ihnen bekommt, zieht innerlich den Hut: Sie lassen sich durch Kritik nicht vom Kurs abbringen, gehen aber respektvoll mit dem Kritiker um.

Es gibt nur einen Fall, in dem Sie von diesem Reaktionsmuster abweichen sollten: wenn die Kritik zutrifft. Dann bringt es Ihnen Respekt, das Fehlverhalten ohne Beschönigung einzuräumen: »Du hast völlig recht – in diesem Fall habe ich mich falsch verhalten. Und daraus lerne ich für die Zukunft, dass ...«

Meine Nettigkeits-Prüfung

Die Schlawiner an der Ostsee

Die Situation:
Ein bekanntes Ostsee-Hotel lädt mich zu einem Vortrag ein. Der Veranstaltungs-Manager stellt mir Presse-Schlagzeilen und

eine luxuriöse Übernachtung in Aussicht. Honorar jedoch sei nicht vorgesehen, man spende die Einnahmen für einen guten Zweck.

Das soziale Engagement gefällt mir, deshalb will ich auftreten. Im letzten Moment erfahre ich: Nicht mal meine Anreise wird finanziert. Am Telefon nennt mir der Veranstaltungs-Manager eine Reihe Prominenter, die ohne Spesen und Honorar aufgetreten seien. Er sagt: »Ich kenne doch Ihre Bücher – Sie sind mindestens so sozial wie die anderen.«

Ich will den guten Zweck unterstützen und nicht kleinlich wirken. Aber dass ich einen Vortrag verschenke und sogar die Anreise selbst bezahle – ist das nicht zu viel des Guten?

Übung: Wie hätten Sie an meiner Stelle reagiert?

Meine Reaktion: Ohne Honorar würde ich auftreten – aber dass ich sogar meine Anreise selbst finanzieren soll, ist mir zu viel. Ich sage dem Manager: »Für einen guten Zweck spende ich gern. Nur sehe ich, dass Ihr Hotel von diesen Veranstaltungen profitiert – Sie bekommen gute Presse und ziehen Gäste an. Wenn Sie vor diesem Hintergrund nicht mal meine Spesen tragen, bin ich raus.«

Er ist von meiner Absage verblüfft. Aber sein Ton verrät mir, dass sein Respekt vor mir gestiegen ist. Damit hat er nicht gerechnet.

Bewertung aus heutiger Sicht: Ich halte es für falsch, dass ich für die Spesen aufgetreten wäre. Wer meine Leistung und meinen Namen will, muss dafür angemessen bezahlen. Manchmal spende ich einen Teil des Honorars – aber das bestimme ich selbst. Dass ein kommerzieller Veranstalter – ein Hotel, kein Wohlfahrts-Verein! – mir nicht einen Cent anbietet, aber selbst die Lorbeeren erntet, käme für mich heute nicht mehr in Frage.

Kommentar: Der Veranstaltungs-Manager zielt auf meine soziale Ader. Er setzt mich unter moralischen Druck. Seine Aussage, ich sei mindestens so sozial wie die bereits aufgetretenen Künstler, bedeutet im Umkehrschluss: »Wenn du hier nicht gratis auftrittst, bist du unsozial!«

Die Nettigkeits-Falle: Ich fürchtete, als kalter Egoist dazustehen, der sein eigenes Honorar wichtiger nimmt als soziale Zwecke. Dabei übersah ich fast, dass sich der Veranstalter mir gegenüber höchst unsozial verhielt.

Meine Lehre: Sei nie sozial zu anderen, wenn du dafür unsozial zu dir selbst sein musst. Soziales Verhalten ist nur glaubhaft, wenn du es auch gegenüber dir selbst lebst und von anderen einforderst.

6 Grenzen setzen: So nutzt Sie keiner mehr aus

In diesem Kapitel erfahren Sie …

- mit welchen heimlichen Signalen Sie andere zu Übergriffen ermutigen,
- wie Sie einen unverschämten Chef in seine Grenzen weisen,
- was Sie tun können, wenn Sie jemand übersieht oder Ihnen nicht zuhört und
- wie Sie *Ihr* Leben retten, indem Sie es als Flussgrundstück sehen.

Haben Sie Ihren Zaun vergessen?

Stellen Sie sich vor, Sie erwerben ein großes Grundstück direkt an einem Fluss, Natur pur. Es ist Sommer, und Sie freuen sich darauf, eine Hängematte zwischen zwei Bäume zu spannen und in den Tag zu träumen. Für sich allein, in Ruhe und Stille.

Doch als Sie zu Ihrem Grundstück fahren, ist es belagert von Menschen. Direkt am Fluss dösen Badegäste in der Sonne. Kinder spielen Fußball zwischen zwei Bäumen. Eine Rentner-Gruppe macht Kniebeugen. Und ein paar Jugendliche hängen mit einem iPod ab, aus dessen Lautsprecher Rap-Musik dröhnt.

Nun gut, denken Sie sich, ich habe das Grundstück ja gerade erst erworben. Und die Leute verbringen ihre Freizeit seit vielen Jahren hier. Sicher brauchen sie etwas Zeit, bis sie sich eine andere Ecke am Fluss gesucht haben.

Eine Woche warten Sie ab, ehe Sie erneut an den Fluss fahren. Dort ist alles beim Alten: Ihr Grundstück quillt über vor Menschen. Keine Spur von der Ruhe, die Sie sich erhofft haben. So geht das einen ganzen Monat lang, ehe Sie resigniert zu sich selber sagen: »Die Leute haben einfach keinen Respekt vor meinem Eigentum!«

Daraus ergeben sich zwei Fragen:

- Warum, glauben Sie, betreten die Menschen das Grundstück, obwohl es doch Ihnen gehört?
- Und was genau müssten Sie tun, um die anderen davon abzuhalten?

Der Grund für die Grenzüberschreitung liegt auf der Hand: Weil niemand weiß, dass das Grundstück Ihnen gehört, hat niemand Skrupel, es zu betreten. Ein Grundstück mit unbekanntem Eigentümer gehört im Zweifel allen.

Wenn Sie diesen Zustand ändern wollen, sind drei Schritte fällig:

- Sie müssen die Welt wissen lassen, dass Sie der Besitzer des Grundstücks sind – etwa durch ein Schild.
- Sie müssen deutlich machen, wo genau Ihr Eigentum beginnt – etwa durch einen Zaun.
- Und Sie müssen Ihr Grundstück zur Not gegen Eindringlinge verteidigen.

Stellen Sie sich vor, Sie pirschen sich im Morgengrauen auf Ihr Grundstück und nageln ein paar Schilder an die Bäume (»Privatgrundstück: Betreten verboten!«). Damit haben Sie Ihren Besitz markiert. Doch am Nachmittag stellen Sie fest: Die Hälfte der sonstigen Besucher breitet sich immer noch auf Ihrem Grundstück aus. Offenbar reichen die Schilder allein nicht aus, um alle Menschen von Ihrem Grundstück fernzuhalten.

Deshalb beschließen Sie, einen Zaun um das Areal zu ziehen. Der Erfolg nimmt zu: Bei Ihrem nächsten Besuch ist das Grundstück fast leer. Nur eine Handvoll Leute sind über den Zaun geklettert und belagern das Flussufer.

Was passiert, wenn Sie diese Eindringlinge nicht verjagen? Werden sie mit der Zeit ein schlechtes Gewissen bekommen und sich zurückziehen? Nein, was Sie dulden, ohne sich zu wehren, zieht Nachahmer an: Bald klettern mehr Leute auf Ihr Grundstück. Oder jemand schneidet ein Loch in den Zaun. Und der Andrang wird so groß sein wie zuvor.

Halten wir fest: Nur wer sein Grundstück markiert, einzäunt und verteidigt, ist sicher vor unerwünschten Eindringlingen. Dieses Beispiel lässt sich auf Grenzen in Ihrem Leben übertragen:

- Haben Sie gut sichtbare Schilder aufgehängt, die Ihre Grenzen im Umgang mit anderen definieren? Zum Beispiel: Wissen Menschen, mit denen Sie sich verabreden, dass Sie (dauerhafte) Unpünktlichkeit nicht dulden? Oder kann es sein, dass Sie dieser Grenzübertritt zwar ärgert, aber kein entsprechendes Schild Ihr »Ufergrundstück« markiert: »Lege Wert auf Pünktlichkeit!«?
- Haben Sie einen Zaun um Ihre eigenen Interessen gezogen, der so hoch ist, dass ihn keiner übersehen kann? Kündigen Sie einem Menschen, der Sie durch seine Unpünktlichkeit versetzt hat, zum Beispiel an: »Beim nächsten Mal erwarte ich Pünktlichkeit. Sonst gehe ich nach Hause.«?
- Und sind Sie bereit, jeden, der über diesen Zaun klettern will, zurück auf die andere Seite zu stoßen? Also: Wenn Sie jemand versetzt, tatsächlich nach Hause zu gehen – und eine erneute Verabredung, zumindest vorerst, abzusagen? Erst dieser letzte Schritt beweist, wie konsequent Sie sind.

Vielleicht fürchten Sie, so viel Konsequenz könnte schon aggressiv wirken. Dieses Signal wäre gut! Manchmal müssen Sie die Zähne zeigen, damit andere Ihre Ansprüche respektieren. Machen Sie sich bewusst, dass Ihre Aggression positiv ist – Ihr Verhalten soll den anderen nicht schädigen, sondern dient Ihrem berechtigten Ziel.[64] Und es ist legitim und natürlich, dass Sie sich für Ihre Interessen einsetzen.

Eindringlinge im Büro

Angenommen Sie wollen Ihre erste Stunde im Büro immer für Konzeptarbeit nutzen. Doch kaum sind Sie am Arbeitsplatz, schneit ein Kollege herein und hat eine »kurze Frage« – in der Vergangenheit haben Sie ihm oft geholfen. Kurz darauf läutet Ihr Telefon und zeigt die Nummer Ihres Chefs an – er ist es von Ihnen gewohnt, dass Sie schnell verfügbar sind. Und aus dem Augenwinkel sehen Sie, wie die Auszubildende Ihr Büro betritt, in der Hand ihr Schulheft – klar, Sie sollen ihr mal wieder bei den Hausaufgaben weiterhelfen.

Sie wollten ein leeres Ufergrundstück – doch nun wird es belagert. Wie kommt es zu dieser Situation? Und warum ist die Versuchung so groß, dass Sie die Belagerung dulden, statt sich um Ihre eigenen Belange zu kümmern?

Empathische Menschen unterliegen einem Trugschluss. Weil sie selbst sofort spüren, wann sie einen anderen Menschen stören und überfordern, meinen sie, die anderen müssten ihnen gegenüber ähnlich sensibel sein. Aber die meisten Menschen sind nur als Verteidigungsminister der eigenen Interessen unterwegs: Der Kollege will sein Problem gelöst haben, der Chef seinen Auftrag platzieren, die Azubi Tipps für ihre Hausaufgaben. Ob Sie dadurch gestört werden, interessiert die anderen wenig.

Es sei denn, Sie setzen deutliche Signale. Wie an Ihrem Flussgrundstück brauchen Sie ein Schild, um alle zu informieren. Nur so gelingt es Ihnen, Ihren Besitzanspruch an dieser ersten Arbeitsstunde des Tages erfolgreich zu verteidigen. Zum Beispiel könnten Sie bei einer Team-Sitzung sagen: »Ich habe gemerkt, dass mir morgens zwischen 8.30 und 9.30 Uhr die besten Ideen kommen. Deshalb möchte ich diese erste Arbeitsstunde für konzeptionelle Arbeit nutzen. Ich bitte euch, mit Fragen und Anliegen erst ab 9.30 Uhr auf mich zuzukommen.«

Dieses Schild macht Ihre Grenze sichtbar. Das wird einige abschrecken, aber nicht alle. Hilfreich ist ein zusätzlicher Zaun. Zum Beispiel schalten Sie eine Abwesenheitsmail: »Ab 9.30 Uhr reagiere ich gern auf Ihr Anliegen.« Oder Sie sprechen einen solchen Text auf Ihre Mailbox. Oder Sie ziehen sich für diese erste Stunde mit Ihrem Laptop in einen Ruheraum Ihrer Firma zurück. Oder Sie weisen, falls Sie ein Vorzimmer haben, Ihren Assistenten an, niemanden zu Ihnen vorzulassen.

Damit haben Sie einen Zaun gezogen, der die meisten Grenzüberschreiter abschreckt. Aber nicht alle! Irgendwer wird versuchen, Ihren Zaun zu überwinden. Zum Beispiel stöbert die Auszubildende Sie im Ruheraum auf. Oder der Kollege wählt Ihre private Handynummer. Oder eine Kollegin setzt eine Sitzung am frühen Morgen an.

Nun haben Sie die Chance, Ihr zeitliches Flurstück gegen Grenzüberschreiter zu verteidigen. Sie müssen das sogar, denn es ist wie am Fluss: Wenn Sie einmal tolerieren, dass jemand Ihren Zaun überwindet, wird der Zaun bald fallen. Halten Sie an Ihren Prinzipien fest, pochen Sie auf Ihre Grenze.

Sagen Sie dem Kollegen, der Ihre private Nummer gewählt hat, dass Sie ihm in Ihrer morgendlichen Konzeptionszeit keine Frage, nicht mal eine kurze, beantworten werden. Schicken Sie die Auszubildende mit ihren Hausaufgaben weg. Und lehnen Sie, falls möglich, die Teilnahme an der Sitzung ab. Kombinieren Sie Ihr Nein mit einer Alternative – etwa wann Sie für die Kollegen oder die Sitzung zur Verfügung stehen (siehe Seite 236).

Ich gebe es zu: Ein solches Verhalten wird Sie anstrengen. Vielleicht fürchten Sie, die anderen damit unnötig gegen sich aufzubringen. Was wäre schon dabei, dem Kollegen eine schnelle Antwort zu geben? Oder der Azubi einen Tipp für ihre Hausaufgaben? Und morgendliche Sitzungen sind doch die Ausnahme, warum nicht ein einziges Mal teilnehmen?

Aber: Jede Ausnahme würde ein Loch in Ihren Zaun reißen! Wenn einer durchschlüpft, folgen weitere. Dann wird das Loch größer, und Ihr Zaun wankt. Umgekehrt funktioniert es: Wenn Sie Ihre Grenze konsequent und hörbar verteidigen, hat das Signalwirkung und schreckt andere ab. Niccolò Machiavelli beschreibt diese Wirkung in seinem Macht-Klassiker »Der Fürst«. Nur wer den Mut habe, ein einziges Mal eine »wohl angebrachte Grausamkeit« zu begehen, müsse nicht »das Schwert beständig in der Hand halten«.[65] Durch Abschreckung entstehen klare Regeln.

Eine Grenze lässt keine Halbherzigkeit zu, das können Sie in der Erziehung beobachten: Wenn Sie ein Kind jeden Tag um 20 Uhr ins Bett schicken, ohne Ausnahme, geht es bald von allein um diese Zeit schlafen. Wenn Sie jedoch gelegentlich eine Verlängerung auf 20.05, 20.15 oder 20.30 Uhr akzeptieren, haben Sie Abend für Abend neue Diskussionen. Dabei bringen Kinder alle Tricks der menschlichen Manipulation zum Einsatz, sie bitten oder betteln, schmeicheln oder schmusen, weinen oder schreien vor Wut – je nachdem, welche Strategie bei Ihnen am besten funktioniert.

Ein Kind merkt sofort an kleinen Signalen, wie ernst Sie Ihre Grenze meinen. Zum Beispiel macht es einen großen Unterschied, ob Sie sagen: »Um 8 Uhr gehst du ins Bett« oder »Du solltest um 8 Uhr ins Bett«. Die zweite Formulierung wirkt unsicher, ein Soll ist kein Muss. Und »solltest« klingt, als hätten Sie es sich mittlerweile anders überlegt.

Sprachliche Weichmacher verwischen Ihr Grenzschild. Sagen Sie zu Ihrem Chef: »Ich *sollte* heute pünktlich zu Hause sein« – und ihm ist sofort klar, dass er Sie doch zu der Überstunde überreden kann. Sagen Sie bei einer Reklamation in einem Geschäft, dass Sie ja »*eigentlich* einen Anspruch auf Umtausch« haben – und die Verkäuferin wittert, dass Sie sich vielleicht ohne abspeisen lassen.

Doch nicht nur die Sprache, auch der Körper verrät unklare Grenzen. Gefährlich wird es, wenn Sie widersprüchliche Signale senden:

- Sie lächeln verlegen, während Sie Nein sagen. Der andere empfängt die Meta-Botschaft: »Ich habe dir jetzt zwar eine Grenze genannt – werde sie aber nur schwach verteidigen, wenn du gegen sie anrennst.«
- Ihre Hand berührt den Mund, während Sie eine Grenze formulieren. Beim anderen kommt an: »Ich traue mich kaum, das auszusprechen, am liebsten riefe ich die Worte zurück.« Klar, dass er versuchen wird, Ihre Aussage noch umzubiegen.
- Sie lassen eine Aussage im hohen Ton der Frage enden, sodass kein »Ich sehe das anders!« erklingt, sondern »Ich sehe das anders?«. Hohe Endungen machen Aussagen zu Fragen. Und wenn Sie selbst nicht sicher wissen, wo Ihre Grenze verläuft, wird der andere sie zu seinen Gunsten verschieben.

- Sie wenden den Blick ab, während Sie sich verbal abgrenzen. Beim anderen kommt an: Sie wollen entschlossen klingen, ohne entschlossen zu sein. Sie halten es nicht aus, ihm ins Gesicht zu sagen, wo Ihre Grenze liegt. Diese Unsicherheit wird er ausnutzen, indem er nachhakt, bittet und fordert, bis Sie doch noch nachgeben.

In all diesen Fällen sind Sie *innerlich* nicht sicher, wo Ihre Grenze liegt und ob Sie ein Anrecht darauf haben. Oder Sie fragen sich: »Was werden die anderen denken, wenn ich so streng bin?« Diese negativen Gedanken entreißen Sie dem Augenblick, kosten Sie Präsenz und Strahlkraft.[66]

Diese Unsicherheit schlägt eine Kluft zwischen Aussage und körperliche Signale. Das ist so, als würden Sie am Flussufer sagen: »Keiner betritt mein Grundstück« – aber gleichzeitig öffnen Sie die Tür des Zauns, treten einen Schritt beiseite und machen eine einladende Handbewegung. Nonverbale Botschaften dominieren die Kommunikation und können das Gesagte wegwischen.

Abgrenzung funktioniert nur, wenn sie glasklar ist: eindeutiges Schild, hoher Zaun und konsequente Verteidigung Ihres Willens.

Der unverschämte Chef

»Mein Vorgesetzter verhält sich unverschämt!«, erzählte Anita Rieger (49) in der Beratung. »Jedes Mal, wenn er mir eine Aufgabe gibt, endet er mit den Worten: ›Aber dalli!‹ – als wäre ich eine Schnecke, die man anschieben muss.«

»Gibt es weitere Beispiele?«, fragte ich.

»Wenn er anderer Meinung ist, sagt er oft zu mir: ›Jeder, der was von der Sache versteht, weiß doch genau …‹ – und dann folgt sein Standpunkt. Er behandelt mich, als wäre ich blöd.«

»Wann geht er so mit Ihnen um?«

»In allen möglichen Situationen – unter vier Augen, in der kleinen Gruppe oder bei Sitzungen. Neulich hat er auf einen Wortbeitrag von mir gesagt: ›Das war jetzt ein ziemlich blondes Argument!‹ Einige am Tisch haben sogar noch darüber gelacht.«

»Und Sie?«

»Ich habe probiert, nicht zu lachen. Aber möglicherweise habe ich unsicher gegrinst, so überfahren war ich.«

»Haben Sie Ihren Chef darauf angesprochen?«

»Nein – dann hätte er mich doch erneut angegriffen: ›Erst reden Sie Unfug – und dann reagieren Sie wie eine Mimose!‹ Diesen Gefallen wollte ich ihm nicht auch noch tun.«

»Das heißt, Ihrem Chef ist vielleicht gar nicht klar, wie sehr er Sie mit seinem Verhalten verletzt.«

»Ich glaube schon, dass er das weiß.«

»Heißt ›glauben‹, Sie können nicht ganz ausschließen, dass Ihr Chef zu den genannten Vorfällen sagen würde: ›Ich bin davon ausgegangen, das macht Frau Rieger nichts aus. Sie hat noch nie einen Ton gesagt und sogar über meinen Witz geschmunzelt.‹?«

Sie grübelte einen Moment. »Ich halte das für unwahrscheinlich. Aber es ganz ausschließen? Nein, das kann ich nicht.«

Ich erzählte ihr die Geschichte vom Ufergrundstück und fragte sie dann: »Wissen Sie eigentlich, wo Ihre Grenze liegt? Was darf Ihr Chef gerade noch sagen? Und wann ist er einen Schritt zu weit gegangen?«

»Er darf die Grenze der Höflichkeit nicht überschreiten.«

Näher definieren konnte sie diese Grenze nicht. Deshalb ließ ich sie aufschreiben, welche Aussagen oder Verhaltensweisen des Chefs ein schlechtes Gefühl bei ihr ausgelöst hatten. Nach 15 Minuten hatte sie ein komplettes A4-Blatt beschriftet. Fast die ganze Kommunikation mit ihrem Chef war durch Herabsetzungen geprägt. Er fiel ihr ins Wort. Er schüttelte oft den Kopf, wenn sie sprach. Er ging nicht auf ihre Argumente ein. Und öfter mal winkte er verächtlich ab und sagte: »Darüber diskutiere ich nicht mit Ihnen!«

Anita Rieger war über diese Flut von Grenzüberschreitungen selbst erstaunt. Die meisten davon waren ihr im Alltag nicht aufgefallen. Da campierte ein Mensch in der Mitte ihres Flussgrundstücks, aber sie übersah ihn die meiste Zeit. Wie kann das sein, dass jemand Ihre Grenzen verletzt, ohne dass Sie es bemerken?

Stellen Sie sich vor, Sie besitzen viele Flussgrundstücke, die aus Ihren persönlichen Werten bestehen. Wann immer ein Mensch gegen Ihre Werte verstößt, empfinden Sie das als Grenzverletzung:

- Wenn Pünktlichkeit ein wichtiger Wert für Sie ist, treibt es Sie auf die Palme, wenn sich jemand regelmäßig verspätet.
- Wenn Ordnung für Sie ein wichtiger Wert ist, regt es Sie auf, wenn jemand in Ihrer Umgebung Chaos verbreitet.
- Wenn Gradlinigkeit ein wichtiger Wert für Sie ist, trifft es Sie hart, wenn jemand hinter Ihrem Rücken lästert.
- Wenn Großzügigkeit ein wichtiger Wert für Sie ist, verletzt es Sie, wenn jemand Ihnen gegenüber geizig ist.
- Wenn Empathie ein wichtiger Wert für Sie ist, ertragen Sie es nur schwer, wenn jemand sich kaum für Ihre Belange interessiert.

Das Grundstück, auf dem die Grenzverletzung stattfindet, liegt in Ihrer Seele – nennen wir es »Wiese der persönlichen Werte«. Wann immer jemand den Fuß auf dieses Grundstück setzt, wird Sie diese Grenzverletzung treffen – aber vielleicht so subtil, dass Sie es nicht richtig einordnen können.

Zwar nahm Anita Rieger die offensichtlichen Grenzüberschreitungen wahr, etwa wenn der Chef ihren Vorschlag als »blond« diffamierte. Aber die zahlreichen kleineren Verletzungen, wie schroffer Tonfall oder Abwinken, hatte sie verdrängt oder rationalisiert: War es nicht das Recht eines Chefs, bestimmend aufzutreten? Wäre es nicht unprofessionell gewesen, jedes seiner Worte auf die Goldwaage zu legen?

Erst im Beratungsgespräch wurde ihr bewusst, gegen welchen ihrer Werte der Chef pausenlos verstieß: respektvollen Umgang. Nun war sie in der Lage, die Grenzen ihres Flussgrundstücks zu definieren: »Ich lege auf respektvollen Umgang großen Wert. Ich lebe ihn vor, und ich fordere ihn ein – unabhängig davon, ob jemand im Rang unter oder über mir steht. Wer respektlos mit mir umgeht, bekommt von mir eine solche Rückmeldung.«

Fortan gelang es ihr, Grenzüberschreitungen sofort zu bemerken und zurückzuweisen. Statt Andeutungen ihres Chefs hinzunehmen – »Nicht jeder im Team zieht voll mit!« –, fragte sie: »Wie meinen Sie das?« – eine rhetorische Technik, die verkappte Gemeinheiten aufdeckt oder den Angreifer zurückrudern lässt.[67]

Mehrfach verbat sie sich den schroffen Ton und die Herabwürdigungen ihres Chefs. Aber mit welchem Erfolg? In der letzten Beratungssitzung fasste sie ihre Erfahrung zusammen:

»Ich habe zu ihm immer wieder gesagt: ›Sie haben gerade abgewinkt, als ich etwas gesagt habe. Das verletzt mich. Ich erwarte von Ihnen, dass Sie mich ernst nehmen und würdig behandeln.‹ Er forderte mich auf, nicht ›so ein Theater‹ zu machen. Ich sagte ihm, dass mich diese Formulierung erneut verletzt – denn ich würde kein Theater machen, sondern ihm lediglich mitteilen, was mir im Umgang wichtig ist.

So ging unser Dialog hin und her. Ich merkte, welche Kraft mir meine Entschlossenheit verlieh. Am Ende sagte er mir zu, künftig mehr auf respektvollen Umgang zu achten. Natürlich hat er sich erst mal nicht daran gehalten. Aber es ist mir jedes Mal sofort aufgefallen. Und ich habe ihm das klar gesagt und es mit einer Forderung verbunden.

Jetzt sind sechs Monate vergangen, und es kommt nur noch selten vor, dass er meine Grenzen verletzt. Eine Kollegin hat mich neulich sogar gefragt: ›Was hast du bloß mit dem Chef gemacht? Der fasst dich neuerdings ja mit Samthandschuhen an.‹ Meine schlichte Antwort: ›Ich habe ihm Grenzen gesetzt.‹«

Ein Kniff half Anita Rieger, ihre Gewohnheiten zu verändern:

In dieser Zeit telefonierte sie fast täglich mit einer Freundin, die sich vorbildlich abgrenzte. Jedes dieser Telefonate füllte sie mit neuer Energie und machte ihr Mut, gegenüber dem Chef klare Kante zu zeigen. Zugleich schränkte sie den Kontakt zu ihrer Schwester ein, die stets Nettigkeit von ihr einforderte und ihr, wenn sie eigene Interessen vertrat, ein schlechtes Gewissen machte.

Dieser Tipp ist enorm kraftvoll: Suchen Sie den Kontakt mit Menschen, die Ihre neue Abgrenzung unterstützen.[68] Zum Beispiel mit einer Freundin, die prima Nein sagen kann und mit Ihnen darüber spricht, wie auch Sie das schaffen. Oder tun Sie sich zusammen mit einem anderen (allzu) Netten, der die gleiche Falle wie Sie verlassen will. Dann können Sie sich gegenseitig ermutigen und inspirieren.[69] Dagegen sollten Sie den Kontakt mit Menschen einschränken, die Sie zur Anpassung drängen. Je mehr Rückenwind Ihr Umfeld liefert, desto schneller kommen Sie in Ihrer Entwicklung vorwärts.

Wie Ihre Werte Sie retten

Wollen Sie herausfinden, wo die Grundstücke Ihrer persönlichen Werte liegen – damit Sie diese künftig verteidigen können? Dann hilft Ihnen diese einfache Übung: Denken Sie an drei Situationen im Umgang mit anderen Menschen, in denen Sie sich unwohl gefühlt haben. Es dürfen auch alltägliche Situationen sein, jede Kleinigkeit ist erwähnenswert. Bitte machen Sie sich kurze Notizen, was genau geschah.

Situation 1:

____

____

____

Situation 2:

____

____

____

Situation 3:

____

____

____

Was haben Sie aufgeschrieben? Meine Klientin Alina notierte:

Situation 1:
Ich erzähle meinem Mann, wie mein Tag gelaufen ist. Aber ich habe das Gefühl, er hört gar nicht richtig zu. Und nebenbei schaut er auch noch auf sein Handy.

Situation 2:
Meine Kollegin sagt zu mir: »Der Kaffee ist schon wieder leer.« Ich spüre ihre Erwartung, dass ich welchen nachkochen soll, was ich auch tu. Aber warum lasse ich mich eigentlich von ihr kommandieren?

Situation 3:
Ich sitze in einem Lokal und werde von der Bedienung eine halbe Ewigkeit ignoriert. Gäste, die nach mir gekommen sind, werden vorher bedient. Das ärgert mich.

Immer, wenn Sie sich unwohl fühlen, ist einer Ihrer Werte verletzt worden. Jemand hat den Fuß auf Ihr Flussgrundstück gesetzt. Nur dass es Ihnen in dieser Situation nicht unbedingt *bewusst* ist. Deshalb bat ich Alina, sich bei jeder der Situationen zu fragen: Was genau hat mir in diesem Moment gefehlt? Und ich bat sie, im Anschluss eine Erwartung zu formulieren. Dadurch kamen jeweils Werte ans Licht. Hier Alinas Ergebnisse:

Situation 1: Ignoriert von meinem Mann
Mir fehlt: seine volle Aufmerksamkeit.
Meine Erwartung: Er soll sich voll auf mich konzentrieren, wenn ich ihm etwas erzähle. Denn ich höre ihm auch zu, ohne mich dabei ablenken zu lassen.
Betroffene Werte: Empathie, Aufmerksamkeit, Zugewandtheit.

Situation 2: Kaffeekochen für die Kollegin
Mir fehlt: Gleichberechtigung und Augenhöhe. Sie behandelt mich, als wäre ich ihre Dienerin.
Meine Erwartung: Wenn sie sieht, dass der Kaffee ausgeht, soll sie ihn auch selber mal kochen. Ich bin gern bereit, das genauso oft wie sie zu tun – aber nicht öfter.
Betroffene Werte: Gerechtigkeit, Gleichberechtigung, Kollegialität.

Situation 3: Übersehen im Lokal
Mir fehlt: Aufmerksamkeit, denn die Serviererin übersieht mich.
Meine Erwartung: Ich möchte wie ein Gast behandelt und schnell gesehen werden. Wenn andere, die später kommen, vor mir dran sind, ist das nicht in Ordnung – und ich kann das ruhig so sagen.
Betroffene Werte: Aufmerksamkeit, Gerechtigkeit.

Fällt es Ihnen auf? Zwei der Werte, »Aufmerksamkeit« und »Gerechtigkeit«, kommen mehrfach vor: Ob von ihrem Mann, bei der Arbeit oder im Lokal: Alina wird oft ignoriert oder benachteiligt. Wenn ein Wert bei dieser Übung mehrfach auftaucht, ist dieses Grundstück besonders schlecht gesichert. Offenbar gelang es Alina nicht, die richtigen Schilder aufzuhängen und jedem klarzumachen, dass sie Aufmerksamkeit und Gerechtigkeit für sich *beansprucht.*

Diese Übung hat einen doppelten Effekt: Zum einen kommen Sie mit Ihren Werten in Kontakt. Erst recht, wenn Sie sich jeden Abend eine Situation notieren, in der Sie sich unwohl gefühlt haben – und den verletzten Wert ermitteln. Dann werden Sie nach einigen Wochen all Ihre wichtigen Werte und Bedürfnisse kennen.

Und indem Sie Ihre Erwartung formulieren, lernen Sie für künftige Situationen. Zum Beispiel war Alina nach der Übung in der Lage, ihrem Mann beim nächsten Mal zu sagen, wie sehr sie seine mangelnde Aufmerksamkeit störte – und dass sie von ihm erwartete, ganz Ohr zu sein und nicht nur halb. Sie verteidigte den verletzten Wert und forderte ein anderes Verhalten ein. Spontan wäre ihr das nur schwer gelungen.

Bitte beantworten Sie nun die gleichen Fragen wie Alina, bezogen auf Ihre drei oben notierten Situationen:

Situation 1:

Mir fehlt:

Meine Erwartung:

Betroffene Werte:

Situation 2:

Mir fehlt:

Meine Erwartung:

Betroffene Werte:

Situation 3:

Mir fehlt:

Meine Erwartung:

Betroffene Werte:

Stellen Sie sich vor, Sie geraten erneut in eine ähnliche Situation. Was genau werden Sie tun, um Ihren Wert einzufordern? Spielen Sie einmal durch, was Sie sagen und tun werden. Wenn Sie mögen: Bitten Sie dafür einen vertrauten Menschen, in die Rolle des anderen zu schlüpfen. Ich wette, Sie werden von Runde zu Runde besser – und finden immer mehr Spaß an dem Spiel. So entstehen in Ihrem Gehirn Nervenbahnen, die es Ihnen leicht machen werden, Ihre Grenze in der realen Situation souverän zu verteidigen.

Selbstverteidigung: Keinen Schritt weiter!

Grenzen setzen ist wie eine Sportart: Ehe der Wettkampf beginnt, sollten Sie fleißig trainieren. Damit meine ich nicht nur Rollenspiele, sondern auch mentales Training. Was genau muss ein anderer tun, damit er Ihre Grenze überschreitet? Und wann bewegt er sich noch außerhalb Ihres Werte-Grundstücks? Je besser Sie das wissen, desto konsequenter können Sie Ihre Grenzen verteidigen.

Die folgende Tabelle hilft Ihnen, Ihre Grenzen zu definieren. In der ersten Spalte lesen Sie eine Situation, die Ihnen begegnen könnte. In der zweiten Spalte geben Sie an, ob eine Grenze überschritten wurde. Und in der dritten Spalte halten Sie Ihre ideale Reaktion fest: Wie wollen Sie mit dieser Grenzverletzung umgehen? Welches Verhalten sichert Ihre Zufriedenheit und bringt Ihnen Respekt ein? Damit haben Sie einen Leitfaden für die Zukunft in der Hand.

Situation	Grenze verletzt? Falls ja: Welcher Wert leidet?	Meine ideale Reaktion
Ihre Arbeitskollegin will unbedingt ein Selfie mit Ihnen schießen, obwohl Sie abwehrende Gesten machen. Ihre Nacht war kurz, Sie haben Augenringe.	*Beispiel:* Ja, eine Grenze ist verletzt. Es leidet mein Wert der Autonomie. Ich möchte selbst entscheiden, wann und wie ich mich fotografieren lasse.	*Beispiel:* Ich sage zu ihr: »Ich fühle mich heute nicht so fotogen. Deshalb will ich kein Selfie von uns. Vielleicht ein andermal wieder.«
Sie feiern Ihren Geburtstag zusammen mit Nachbarn und Arbeitskollegen. Da holt Ihre Mutter zu einer intimen Geschichte von ganz früher aus, die nicht unbedingt zum Rahmen passt.		
Sie hatten bei Ihrem Friseur einen Termin um 16.30 Uhr. Jetzt ist es 17.00 Uhr, und Sie warten immer noch.		

Situation	Grenze verletzt? Falls ja: Welcher Wert leidet?	Meine ideale Reaktion
Ein Nachbar bittet Sie zum wiederholten Mal, seine Hecke mitzuschneiden. Dabei ist er genauso fit wie Sie und hat ähnlich viel Zeit.		
Eine Arbeitskollegin verniedlicht Ihren Namen, obwohl Sie sich nicht besonders nahestehen. Zum Beispiel sagt sie »Kläuschen« statt »Klaus«. Oder »Betti« statt »Bettina«.		
Eine Bekannte fasst Sie beim Reden immer wieder am Oberarm an. Dieser Körperkontakt ist Ihnen unangenehm.		
Ein neuer Arbeitskollege bietet Ihnen das Du an, obwohl er jünger ist und sich in Ihrer Firma längst nicht alle duzen.		

Situation	Grenze verletzt? Falls ja: Welcher Wert leidet?	Meine ideale Reaktion
Eine Vereinskollegin fällt Ihnen wiederholt ins Wort, um eigene Erlebnisse einzubringen: »Ich hab da was Ähnliches erlebt ...«		
Eine Kollegin am Arbeitsplatz teilt Ihnen mit: »Du, ich habe im Schichtplan unsere Namen ausgetauscht. Dienstag hat mir nicht gepasst.«		
Sie rufen einen Geschäftspartner an. Mehrfach drückt er Ihren Anruf weg. Als Sie ihn endlich an der Strippe haben, sagt er dazu keinen Ton.		
Jemand macht einen Witz auf Ihre Kosten, der zwar humorvoll wirkt, hinter dem Sie aber einen bösen Kern vermuten.		

Situation	Grenze verletzt? Falls ja: Welcher Wert leidet?	Meine ideale Reaktion
Ihr Lebenspartner sagt eine Einladung für Sie beide zu, ohne sich vorher mit Ihnen abzustimmen.		

In welchen Fällen wurde Ihre Grenze verletzt? Und wann konnten Sie bewusst mit dem Verhalten der anderen leben? Bitte gehen Sie die Tabelle noch einmal durch und überlegen Sie sich jedes Mal: Welche vergleichbaren Erlebnisse kenne ich aus meinem Alltag? Und wie werde ich mein Grundstück künftig verteidigen?

Werfen Sie diese Menschen aus Ihrem Leben!

Anna Krämer (39) blies ihre Wangen auf und ließ Luft entweichen. »Es war alles umsonst«, schimpfte sie. »Ich setze meinem Vater Grenzen – aber er überschreitet sie! Ich verteidige diese Grenzen – aber es ist ihm egal!«

Über Jahrzehnte hatte ihr Vater Erwin (63), ein selbständiger Reiseunternehmer, an ihrem Leben keinen Anteil genommen. Die Eltern hatten sich getrennt, als sie drei Jahre alt war. Gelegentlich dachte der Vater in den folgenden Jahren an ihren Geburtstag und kam mit einem Geschenk vorbei. Oft vergaß er das aber auch. Umso häufiger, je älter Anna wurde. Zwischen ihrem 20. und ihrem 39. Lebensjahr hatte sie kein Wort mehr von ihm gehört.

Doch eines Abends läutete es Sturm an der Tür des Einfamilienhauses, das sie mit ihrem Mann Markus und ihren beiden Töchtern (zehn und zwölf Jahre) bewohnte. Vor der Tür stand ein unrasierter Mann mit Alkoholfahne. Sie musste zweimal hinschauen, bis sie ihren Vater erkannte. Er sei von seinem Vermieter vor die Tür gesetzt worden – ob er ein paar Tage bei ihr übernachten könne?

»Ich war natürlich gespalten«, erzählte sie in der Beratung. »Er hatte sich meine ganze Kindheit lang kaum um mich gekümmert – und jetzt sollte ausgerechnet ich ihm aus der Patsche helfen? Aber ich war doch seine Tochter – ich konnte ihn in der Not nicht hängen lassen.«

Da es im Haus kein Gästezimmer gab, räumte die jüngere Tochter ihr Zimmer und schlief bei ihrer Schwester. »Es war, als würde ein Fremder bei uns übernachten«, erinnerte sich Anna Krämer. »Mein Mann hatte ihn davor nur auf Bildern gesehen. Und auch ich kannte ihn nicht wirklich.«

Am nächsten Tag erzählte der Vater, dass sein Reiseunternehmen pleitegegangen war und er keinen Beruf mehr ausübte. Er versprach, sich beim Amt um eine neue Wohnung zu kümmern. Anna Krämer behandelte ihren Vater wie einen Gast. Sie stellte ihm ein Frühstück auf den Tisch, versorgte ihn mit frischen Handtüchern und kaufte für ihn ein. Der Vater war voll des Lobes: »Du bist eine tolle Tochter, das habe ich gar nicht verdient.«

Zwei Wochen später hatte sich Erwin bestens eingelebt. Oft gab er Wünsche fürs Abendessen ab und bestimmte um 20.15 Uhr, welches TV-Programm geschaut wurde. Wenn es um die Erziehung der Töchter ging, hielt er mit seiner Expertise – woher kam die eigentlich? – nicht hinterm Berg. Zum Beispiel schien ihm die jüngere Tochter »viel zu frech für ihr Alter« (sie hatte sich beklagt, dass sie nicht mehr in ihrem Zimmer wohnen durfte).

Wie selbstverständlich legte er Anna seine schmutzige Kleidung zum Waschen hin. Und wenn sie zum Einkaufen fuhr, diktierte er ihr seine Wünsche in den Block. Geld zum Haushalt steuerte er keines bei, denn angeblich war er ja pleite. Nur Zigaretten konnte er sich merkwürdigerweise immer noch leisten.

»Ich bin ein Mensch, der gerne hilft«, erzählte Anna Krämer. »Dass ich ihn unterstützen konnte, fühlte sich gar nicht so schlecht an. Vielleicht hatte ich mich immer nach der Anwesenheit eines Vaters gesehnt. Jetzt war er da, auch wenn er sich komplett bedienen ließ. Nicht mal sein Geschirr räumte er selbst ab.«

Das Familienleben litt. »Ich konnte keine vertraulichen Gespräche mehr mit meinem Mann oder meinen Töchtern führen. Wir wurden im eigenen Haus immer gehemmter – als wären *wir* die Gäste und nicht er.« Außerdem blieben die Besuche der Mutter aus: Sie lag mit ihrem Ex-Mann immer noch über Kreuz und konnte nicht verstehen, dass er bei ihrer Tochter hatte einziehen dürfen.

Immer wieder verstieß Erwin gegen die Spielregeln der Familie. Zum Beispiel zog er die Schuhe nicht aus, wenn er von draußen reinkam (»Ich war nur ein paar Schritte auf der Straße, die Schuhe sind sauber!«). Und einmal, als Anna etwas früher nach Hause kam, erwischte sie ihn mit einer Zigarette im Wohnzimmer. Er behauptete, auf dem Weg zum Balkon gewesen zu sein. Schon vorher war kalter Rauch im Haus aufgefallen. »Ich habe ihm signalisiert, dass das so nicht geht. Aber ich konnte ihn ja nicht zur Schnecke machen, er war doch mein Vater.«

Vorsichtig fragte Anna: »Weißt du schon, wann das Amt dir eine eigene Wohnung vermittelt?«

»Willst du mich loswerden?«

»Das nicht. Aber du hattest ja zugesagt, dass du hier nur vorübergehend …«

»Du willst mich hier nicht haben.«

»Das habe ich doch gar nicht gesagt.«

Er schaffte es nicht nur, sich um die Antwort zu drücken, sondern machte ihr auch noch ein schlechtes Gewissen. So ging ein knappes Jahr ins Land, der Vater hatte sich im Haus eingenistet. Immer öfter geriet er mit Annas Ehemann aneinander. Die Töchter nutzten jede Gelegenheit, bei Freundinnen zu übernachten. Der Haussegen hing schief.

Zuletzt setzte Anna Krämer ihrem Vater eindeutige Grenzen. Sie sagte ihm, dass sie das Haus wieder für ihre Familie allein haben wollte. Sie forderte ihn auf, seine Sachen zu packen und auszuziehen. Er versprach wiederholt, das die nächsten Tage zu tun – doch hielt seine Tochter dann mit Ausreden hin.

Solche Fälle gibt es: dass Sie Grenzen setzen – aber ein anderer respektiert sie nicht. Je später Sie Ihren Grenzzaun ziehen, desto größer die Wahrscheinlichkeit, dass der andere ihn nicht mehr ernst nimmt. Dann hilft nur noch die Radikalkur: Werfen Sie einen solchen Menschen aus Ihrem Leben. Oder schränken Sie den Kontakt aufs Nötigste ein. Viele Nette zucken bei diesem Gedanken zusammen, denn sie sind Versöhner, keine Spalter. Genau das nutzen Egoisten und Schmarotzer aus. Weil sie spüren, alles mit jemandem machen zu können, tun sie es auch.

Nehmen Sie Annas Vater: Er führt sich wie ein Feldherr auf, bricht seine Versprechen reihenweise und lässt sich bedienen, ohne mitzuhelfen. Anna sind Werte wie Verbindlichkeit und Hilfsbereitschaft wichtig. Er dagegen ist unverbindlich und hilft nur sich selbst. Es reicht nicht, ihn verbal in seine Grenzen zu weisen. Er braucht im wahrsten Sinne einen Tritt in den Hintern, denn rabiate Menschen verstehen nur rabiate Botschaften; das ist ihre Landessprache.

Mein Rat an Anna Krämer war: »Setzen Sie Ihrem Vater eine letzte Frist – und sagen Sie ihm, dass Sie danach das Schloss austauschen und seine Sachen vor die Haustür stellen.« Mein Vorschlag gefiel ihr gar nicht. Doch sie fand keine vernünftige Alternative. Tatsächlich ließ der Vater auch die letzte Frist verstreichen, stand dann vor der verschlossenen Tür, hämmerte, klingelte, machte ein paar Stunden Theater – aber dann verschwand er genauso plötzlich von der Bildfläche, wie er gekommen war. Und das Familienleben wurde sofort wieder harmonischer.

Ein paar Monate später sagte Anne Krämer. »Erst als er weg war, habe ich gemerkt, was für eine Zumutung seine Anwesenheit war. Lange hätten wir das als Familie nicht mehr ausgehalten.«

Wenn ein anderer Ihre Grenzen immer wieder überschreitet, wenn er Sie ausnutzt und auf Ihrer Nase herumtanzt und Ihnen nur schadet, dann sollten Sie konsequent sein: Trennen Sie sich von diesem Menschen. Zum Beispiel:

- Beenden Sie eine Freundschaft, wenn der andere Sie immer nur als seelischen Mülleimer missbraucht, während er an Ihren Sorgen keinerlei Anteil nimmt.

- Beenden Sie ein Arbeitsverhältnis, wenn ein Chef Sie bis zum Umfallen ausnutzt, obwohl Sie ihm Ihre Grenzen aufgezeigt haben.
- Und beenden Sie eine Liebesbeziehung, wenn der andere Sie wie Dreck behandelt, wenn er Sie fortgesetzt betrügt, ausnutzt, misshandelt – oder nur seine Wünsche immer durchsetzt, aber Ihre Wünsche niemals hört.

Solange Sie ausschließen, sich von jemandem zu trennen, ist keine konsequente Abgrenzung möglich. Dann fehlt Ihnen Autorität – wie einem Chef, von dem alle wissen, dass er niemanden entlassen darf, egal was vorfällt. Dann macht jeder, was er will, weil es keine Konsequenzen für ihn hat.

Autorität erfordert die Bereitschaft, zur Not einen Trennstrich zu ziehen. Darin liegt eine große Chance für Sie: Ersetzen Sie jeden Menschen, der Ihnen schadet, durch einen, der Ihnen guttut. Ich verspreche Ihnen, Sie werden aufblühen und mehr vom Leben haben.

Gehen Sie Ihre Kontakte gern einmal durch und fragen Sie sich:

- Welche Menschen schenken mir Energie?
- Nach welchen Treffen fühle ich mich besser?
- Wer inspiriert und respektiert mich?
- Wen vermisse ich, wenn ich ihn eine Weile nicht gesehen habe?
- Wen würde ich gern öfter sehen?

Das sind Menschen, mit denen Sie mehr Zeit verbringen sollten. Schaffen Sie sich Raum dafür, indem Sie sich nun fragen:

- Wer raubt mir Energie?
- Nach welchen Treffen fühle ich mich schlechter?
- Wer zieht mich runter und respektiert mich nicht?
- Bei wem bin ich froh, wenn er sich eine Weile nicht meldet?
- Wen würde ich gern seltener sehen?

Diese Menschen sollten Sie aus Ihrem Leben verbannen. Wenn Sie einen zu heißen Topf auf dem Herd anfassen, ziehen Sie Ihre Hand blitzschnell zurück – damit Sie sich nicht verletzen. Warum sollten Sie dann mit Menschen in Kontakt bleiben, die Sie ebenfalls verletzen? Zurückziehen ist erlaubt, und ein einziger Satz reicht als Erklärung: »Ich habe das Gefühl, unser Kontakt tut mir nicht gut. Deshalb möchte ich ihn nicht fortführen.«

Und wenn eine Trennung nicht möglich ist? Zum Beispiel können Sie Ihren Nachbarn nicht zum Mond schießen. Oder Ihren Chef nicht strafversetzen. Oder Ihren Vereinskollegen nicht im Alleingang aus dem Klub werfen. Dann sollten Sie diesem Menschen aus dem Weg gehen. Reduzieren Sie den Kontakt auf ein Minimum. Brechen Sie Gespräche rasch ab. Und lassen Sie sich auf keinen Fall für die Interessen des anderen einspannen.

Emotionale Vampire lassen sich überraschend leicht abschütteln: Wenn sie merken, dass sie aus Ihnen keine Vorteile mehr saugen können, suchen sie sich neue Opfer. Und Sie sind befreit!

Meine Nettigkeits-Prüfung

Allein unter Lästermäulern

Die Situation:
Lautes Kichern dringt aus der Kaffeeküche. Ich trete ein und hole mir ein Mineralwasser aus dem Kühlschrank. Schnell ist mir klar, worüber die Kollegen sprechen: über Nina, unsere Chefin. Sie wird gewaltig durch den Kakao gezogen. Einer sagt: »Sie ist so herrisch, als wäre sie ein Mann. Fehlt nur noch der Bart im Gesicht.« Eine Kollegin macht die Chefin in tiefer Tonlage nach.

Ich will schon wieder gehen, da spricht mich ein Kollege an: »Die ist doch wirklich bescheuert – oder was meinst du dazu, Martin?« Ich mag die Chefin, jedoch ist mir klar, dass ich mich mit dieser Meinung hier sehr unbeliebt machen könnte. Was soll ich jetzt sagen?

Übung: Wie hätten Sie an meiner Stelle reagiert?

____

____

____

____

Meine Reaktion: Ich sage zu dem Kollegen, der mich angesprochen hat: »Sie hat mir neulich gesagt, dass sie deine Arbeit sehr schätzt. Sie fand es richtig gut, dass du beim USA-Projekt mit so viel Ausdauer am Ball geblieben bist.«

Der Kollege stutzt zunächst, ehe sich Freude auf seinem Gesicht ausbreitet: »Hat sie das wirklich gesagt?« Ich bejahe – und verlasse die Kaffeeküche.

Bewertung aus heutiger Sicht: Ich würde wieder so handeln.

Kommentar: Ich wähle eine diplomatische, jedoch sehr wirksame Variante: Statt die Angegriffene direkt zu verteidigen, leite ich eine positive Botschaft von ihr weiter. Den Lästermäulern wird klar: Es ist unfair, schlecht über jemanden zu reden, der gut über einen selbst redet. So stehe ich nicht als Streber oder Liebling der Chefin da, sondern bleibe neutral.

Die Nettigkeits-Falle: Wenn von einem netten Menschen erwartet wird, eine bestimmte Meinung zu vertreten, vertritt er sie oft auch – aus Angst, sonst an den Rand der Gruppe zu rutschen. Auch ich hätte dieses oder jenes an meiner Chefin kritisieren können – aber mich dabei sehr illoyal gefühlt.

Meine Lehre: Ganz egal, was die anderen sagen: Bleib nicht nur dir selber treu, sondern auch den Menschen, die dir etwas bedeuten.

7 Nein sagen: So lehnen Sie Zumutungen ab

In diesem Kapitel erfahren Sie …

- mit welchen zehn fiesen Tricks Sie zum Ja-Sagen manipuliert werden,
- wie zwei Pappen am Boden Ihnen beim Nein-Sagen helfen,
- wie Sie eine perfekte Anleitung zum Nein-Sagen für Nette umsetzen und
- wie sich eine Studentin vor einem Wildfremden entblößt hat, nur weil sie nicht Nein sagen wollte.

Warum Nein das schlimmste Wort der Welt ist

Eines Tages rief beim Telefon-Talker Jürgen Domian (WDR) die Studentin Andrea an, der mitten in Frankfurt etwas Unglaubliches passiert war.[70] Sie hatte einen Einkaufsbummel durch die Stadt gemacht, als sie in der belebten Fußgängerzone ein junger Student der Ethnologie ansprach: »Wir machen gerade eine Befragung zum Thema Spontaneität und Körperinszenierung.«

»Bist du spontan?«, fuhr er fort. Andrea bejahte, denn als Spontaneitäts-Bremse wollte sie nicht gelten. Der junge Mann fragte ein paar Kleinigkeiten, ehe er wissen wollte: »Welche Farbe hat deine Unterwäsche?« Sie war zu nett, um die Frage zurückzuweisen: »Schwarz«. Der Student hakte nach: »Kannst du das beweisen?« Und sie antwortete »aus einem Reflex heraus«: »Ja, klar kann ich das beweisen.«

Der Student überließ ihr die Wahl eines Ortes. Sie schlug vor, in ein Bekleidungsgeschäft zu gehen. »Dann bin ich in die Umkleidekabine und habe mich ausgezogen. Und er stand davor (...) Und ich habe auch noch gedacht: Sollst du das jetzt wirklich machen?« Dann öffnete sie den Vorhang der Kabine, entkleidet bis auf Slip und BH. »Und er hat geguckt.«

Jürgen Domian war entsetzt: »Bist du wahnsinnig, Andrea?« Sie sagte, sie sei in diesem Moment »nicht zurechnungsfähig« gewesen. Wie hatte sie nur so naiv sein können, auf diese abenteuerliche Geschichte reinzufallen? Natürlich verschwand der angebliche Student sofort, nachdem er gesehen hatte, worauf er aus war.

Wenn es schon so schwerfällt, den dubiosen Wunsch eines

Wildfremden abzulehnen: Wie schwer ist es dann erst, Anliegen vertrauter Menschen zurückzuweisen? Wem fällt es leicht, Nein zu sagen zu einem wichtigen Kunden, zum eigenen Chef, zu einem langjährigen Freund oder zum Liebespartner?

»Nein« ist für nette Menschen ein Wort, an dem sie fast ersticken. Was Andrea passiert ist, kennen wir alle: Jemand will etwas von uns. Unser innerer Alarm springt an, weil uns die Sache unstimmig erscheint – und doch schaffen wir es nicht, dieses Funksignal von innen (»Sag Nein, du willst das nicht!«) wichtiger zu nehmen als die Erwartung von außen (»Sag Ja, der andere erwartet das!«).

Psychologisch ist das höchst interessant: Wir externalisieren unsere Entscheidung. Wir sind so sehr auf den anderen fixiert, dass wir den Funkkontakt zu unserer Innenwelt verlieren. Wir entscheiden aus der Perspektive des anderen. Andrea zieht sich nicht aus, weil sie das will, sondern weil *er* das will.

Nette Menschen glauben, dass ein Nein unhöflich ist, eine Zumutung für den anderen. Sie gehen davon aus, den anderen zu kränken und gegen sich aufzubringen. Das Nein-Sagen erscheint ihnen als Akt der Unbarmherzigkeit, als egoistischer Alleingang – was oft mit einer Selbstverneinung zu tun hat, mit übertriebenen Selbstansprüchen.[71] Wer sich selbst nicht gerecht wird, will dem Fremdanspruch gerecht werden, um sich nicht auf beiden Feldern als Verlierer zu fühlen.

Das Nein ist bei netten Menschen negativ besetzt, deshalb nehmen sie es nur selten in den Mund. Doch wenn es Ihnen gelingt, das Nein mit einer positiveren Geschichte zu verbinden, öffnen sich Ihnen neue Möglichkeiten.

Warum Nein das beste Wort der Welt ist

»Ich weiß wirklich nicht, was ich in China soll«, sagte Ramona Seidel (28). Ihrem Mann, Ingenieur eines Weltkonzerns, war eine Position in China angeboten worden – für ein Jahr. »Er setzt voraus, dass ich ihn begleite«, erzählte Seidel. »Und ich kann das total verstehen, ich wollte auch nicht allein auf einen anderen Kontinent.« Andererseits stand sie als Journalistin bei einer Frauenzeitschrift kurz vor der Beförderung zur Chefin vom Dienst. China bot ihr beruflich keine Perspektive.

In der Beratung wollte sie herausfinden, welche Entscheidung die richtige wäre. Mir fiel auf, dass sie fast nur von ihrem Mann sprach: wie enttäuscht er wäre, wenn sie ihn nicht begleiten würde. Dagegen kamen ihre eigenen Interessen kaum vor. Ich lud sie zu einer meiner Lieblingsübungen ein.

Dazu legte ich eine große Pappe auf den Boden und schrieb in Riesenlettern darauf: »Ein Nein schadet allen!« Nun bat ich Ramona Seidel, sich auf diese Pappe zu stellen und zu begründen, warum sie ihrem Mann ein Nein keinesfalls zumuten durfte. Sofort legte sie los: »Ich bin seine Frau. Ich liebe ihn. Ich kann ihn nicht einfach hängen lassen. Ein Nein würde heißen: ›Du bedeutest mir nichts.‹ Ein Nein würde heißen: ›Wir gehen ein Jahr lang getrennte Wege.‹ Das könnte der Anfang vom Ende sein. Vielleicht fragt er sich, ob ich die Richtige für ihn bin, wenn ich ihn allein in ein fernes Land ziehen lasse. Ich meine: Wenn sich zwei Menschen lieben, wollen sie doch so oft wie möglich zusammen sein. Ein Nein wäre ein verheerendes Signal.«

Im selben Tonfall fuhr sie zehn Minuten lang fort. Sie malte sich alle möglichen Horrorszenarien aus: dass ihr Mann sich in eine Chinesin verliebt (»Da dürfte ich mich nicht beschweren, wenn ich ihn allein gehen lasse«), dass er aufgrund ihrer Abwesenheit in eine Depression fällt oder dass ihm – »Er ist immer so ungeschickt!« – im Haushalt ein schwerer Unfall passiert.

Je länger ich ihr zuhörte, desto mehr erschien mir ihr »Nein« als ein Dolch, den sie ihrem geliebten Mann einfach nicht ins Herz rammen wollte.

Dann beschriftete ich eine neue Pappe: »Ein Nein nützt allen!« Ich bat sie, sich nun auf diese Pappe zu stellen: »Malen Sie sich aus, dass Ihr Nein eine gute Tat ist. Dass es auf der ganzen Welt kein besseres, kein sozialeres Wort gibt. Begründen Sie nun, warum es gut wäre, wenn Sie Nein sagen, für Sie, für Ihren Mann, ja überhaupt.«

Hilflos stand sie da und suchte nach Worten. Ein paar Mal hob sie zu sprechen an, aber verstummte wieder. Es dauerte bestimmt zwei Minuten, bis sie in Fahrt kam: »Also, mir würde ein Nein nützen, weil ich nicht aus meiner Karriere gerissen würde. Ich könnte dort bleiben, wo meine Freunde sind und ich am liebsten bin: in dieser Stadt. Und ich würde es mir ersparen, mich in China womöglich ein ganzes Jahr zu langweilen.« Sie führte noch ein paar weitere Argumente an, bis ich nachfragte, inwiefern denn ihr Mann von einem Nein profitieren könnte?

Wieder brauchte sie etwas Zeit, dann sagte sie: »Ich glaube, ein ehrliches Nein wäre ihm lieber als ein geheucheltes Ja. Ich meine, was hätte er davon, wenn ich ihn nach China begleite, aber dort unzufrieden bin und schlecht gelaunt? Oder wenn ich ihm später aufs Brot schmiere, dass ich ihm dieses Jahr geopfert habe, dass er mir die Chance verbaut hat, Chefin vom

Dienst zu werden? Vielleicht macht ein Nein unsere Beziehung spannender, weil wir uns seltener sehen. Ich glaube, er will eine selbstbewusste Frau und keine, die immer nur seiner Meinung ist.«

Je länger sie über die Vorteile eines Neins redete, desto lebendiger wurde sie. Das Nein, gerade noch ein verbaler Dolch, hatte seine Schärfe verloren – weil sie es mit neuen Augen sah.

Übrigens nahm die Geschichte eine interessante Wendung: Als Ramona Seidel die Begleitung nach China freundlich, aber bestimmt ablehnte, sagte ihr Mann: »Weißt du was? Dann blase ich die Sache ab. Ich möchte in deiner Nähe bleiben. Und es gibt auch hier in der Zentrale interessante Karrieremöglichkeiten für mich.«

Auf diese Idee war sie gar nicht gekommen: dass auch ihr Mann zurückstecken und eine Trennung verhindern könnte. Als ich sie zwei Jahre später wiedersah, erzählte sie mir, das Nein habe ihre Beziehung belebt.

Und mittlerweile stellte sie sich immer, wenn sie zwischen Ja und Nein abwägte, die Vorteils-Pappe auf dem Boden vor. »Wie schlimm und schädlich ein Nein ist, daran denke ich von allein. Aber welche Vorteile es hat, darauf komme ich erst durch diesen Trick. Heute fällt es mir viel leichter, zu anderen Nein zu sagen.«

Bitte übertragen Sie diese Übung auf sich und schreiben Sie drei Situationen auf, in denen Ihnen das Nein-Sagen schwerfällt. Und dann führen Sie den Satz zu Ende: »Ein Nein nützt hier allen, weil ...« Notieren Sie, was für ein Nein spricht, auch aus der Sicht des Menschen, zu dem Sie es sagen. Hier ein reales Beispiel:

Situation, in der mir ein Nein schwerfällt:

In Bekleidungsgeschäften passiert es mir oft, dass mich Verkäuferinnen ansprechen, ob sie mich beraten dürfen. Und weil ich kein Nein über die Lippen bringe, tun sie das auch. Dann fühle ich mich immer unwohl. Manchmal lasse ich mich sogar zum Kauf von Kleidungsstücken überreden, die mir gar nicht gefallen. Dann steht der nächste Horror für mich ins Haus: das Zurückgeben der Ware.

Ein Nein nützt hier allen, weil …

… die Verkäuferinnen und ich dasselbe Interesse haben: dass ich mich beim Einkaufen wohlfühle und mich richtig entscheide. Das gelingt mir besser, wenn ich allein und unbeobachtet die Kleidungsstücke auswähle und anprobiere. Dann macht mir das Einkaufen mehr Spaß, und ich treffe eine bessere Wahl. Das Geschäft profitiert davon, weil ich weniger umtausche.

Und jetzt sind Sie an der Reihe:

Situation 1, in der mir ein Nein schwerfällt:

____

____

____

Ein Nein nützt hier allen, weil …

____

____

____

Situation 2, in der mir ein Nein schwerfällt:

____

____

____

Ein Nein nützt hier allen, weil …

____

____

____

Situation 3, in der mir ein Nein schwerfällt:

____

____

____

Ein Nein nützt hier allen, weil …

____

____

____

Nein-Sagen ist immer so schwer oder so leicht, wie Sie es sich machen. Wer glaubt, dem anderen einen verbalen Dolch ins Herz zu rammen, erstarrt. Wer aber erkennt, dass Aufrichtigkeit allen Beteiligten dient, sagt leichter und natürlicher Nein. Es liegt an Ihnen, Ihrem Nein einen psychologischen Rahmen, ein günstiges Framing, zu verleihen.[72] Wenn Sie zu sich sagen: »Ich lehne jeden vierten Wunsch anderer ab!«, fühlen Sie sich damit womöglich unwohl; der Fokus liegt auf der Ablehnung, und das verstößt gegen Ihr Selbstbild. Wenn Sie dagegen sagen: »Von vier

Wünschen stimme ich dreien zu!«, können Sie besser damit leben – obwohl sich der Inhalt nicht verändert.

Glauben Sie mir: Ihre innere Haltung pflanzt sich nach außen fort. Je selbstverständlicher Sie Ihr Nein aussprechen, desto selbstverständlicher wird es akzeptiert.

So werden Sie heimlich manipuliert

Andere Menschen wollen Sie heimlich nach ihrer Pfeife tanzen lassen. Mit unterschwelligen Botschaften und psychologischem Druck sollen Sie als netter Mensch gefügig gemacht werden. Damit sich das Nein, das Ihnen auf der Zunge liegt, doch noch in ein Ja verwandelt.

Erst wenn Sie die Tricks der Manipulatoren kennen, können Sie sich dagegen wappnen. Darum stelle ich Ihnen hier die fiesesten Manipulationstechniken vor, mit denen andere Ihr Ja erzwingen wollen – und verrate Ihnen Gegenstrategien.

Manipulation 1: Lob

Bei einer Vereinsversammlung werden Sie dafür gelobt, dass Sie sich in der Vergangenheit so viel um die Jugendarbeit gekümmert haben: »Der ganze Verein ist dir dankbar, dass du dich so für den Nachwuchs engagierst!«, sagt der Vorsitzende. Gleichzeitig bittet er Sie, eine weitere Jugendgruppe zu übernehmen, obwohl Sie schon ausgelastet sind.

Der Trick: Das Lob soll wie Zucker in einer bitteren Medizin wirken – damit Sie schlucken, was Ihnen nicht schmeckt, sich auch künftig wie erwünscht verhalten. Sonst riskieren Sie, dass

Ihnen das Lob nachträglich entzogen wird (»Ist wohl doch nicht so engagiert in der Jugendarbeit«).

Gegenstrategie: Bedanken Sie sich für das Lob – und machen Sie ein Argument für Ihr Nein daraus: »Vielen Dank, dass du mein Engagement in der Jugendarbeit so anerkennst. Gerade weil ich schon so viel mache, möchte ich jetzt nichts Weiteres beginnen.«

Manipulation 2: Positive Erwartung (Ja-Straße)

Als die Studentin Andrea gefragt wurde, ob sie spontan sei, war ihr klar: Der Interviewer wollte ein »Ja« hören. Damit saß sie in der Falle: Wie hätte sie jetzt als netter Mensch die Folgefrage nach der Unterwäsche zurückweisen können, ohne sich wie eine Lügnerin vorzukommen?

Der Trick: Erst stellt man Ihnen Fragen, die Sie in vorauseilendem Gehorsam bejahen, etwa ob Sie offen für Neues, flexibel im Denken oder engagiert für Ihre Firma sind. Und wenn Sie erst auf die »Ja-Straße« eingebogen sind, wie Verkäufer das nennen, geht die Reise in eine Richtung weiter, die Ihnen schadet, aber dem Fragenden nützt: Sie sollen einen Kauf tätigen, einer Zumutung zustimmen oder Überstunden knüppeln.

Gegenstrategie: Bekräftigen Sie Ihre erste Antwort – aber zeigen Sie auf, dass die neue Forderung Ihnen zu weit geht: »Ich bin zwar spontan – aber das heißt nicht, dass ich mit einem Fremden auf der Straße über meine Unterwäsche spreche.«

Manipulation 3: (Angedrohter) Liebesentzug

Ihre Partnerin sagt zu Ihnen: »Wenn du mich wirklich liebst, dann gibst du dein zeitaufwändiges Hobby auf.« Oder Ihr Chef sagt zu Ihnen: »Wenn Sie wirklich loyal sind, stellen Sie keine Rückfragen, sondern führen den Auftrag einfach aus.«

Der Trick: Ihnen wird das Gefühl vermittelt, dass Sie mit einem Nein die Beziehung zum anderen in Frage stellen oder gar zerstören. Emotion und Sache werden unzulässig miteinander verquickt.

Gegenstrategie: Zeigen Sie auf, dass die gute Beziehung kein Anlass ist für eine gefällige Antwort, im Gegenteil: »Gerade weil ich dich liebe, will ich dir eine ehrliche Antwort geben ...« Oder: »Gerade weil ich loyal bin, frage ich Sie nach ...«

Manipulation 4: Soziale Ausgrenzung

Ihre Chefin sagt zu Ihnen: »Natürlich ist es Ihr Recht, der Weihnachtsfeier fernzubleiben. Nur glaube ich, dass Sie dann im Team unten durch sind. Überlegen Sie sich das gut.« Oder Ihr Nachbar sagt: »Wenn du nicht zum Straßenfest kommst, machst du dich zum Außenseiter.«

Der Trick: In Ihnen wird eine tiefe Angst geschürt: dass Sie Rückhalt verlieren, sich ausgrenzen, allein dastehen. Als wäre Ihr Nein der Türöffner für eine Isolationszelle, aus der Sie so schnell nicht mehr rauskommen.

Gegenstrategie: Machen Sie deutlich, dass die Zuneigung der anderen nicht von einem einzelnen Ja abhängt: »Ich habe zu den Kollegen ein gutes Verhältnis, das über viele Jahre gewachsen ist. Deshalb bin ich sicher, dass sie meine Entscheidung verstehen werden.«

Manipulation 5: Beleidigt sein

Ein Freund ruft an und will sich noch am selben Abend mit Ihnen verabreden. Sie geben zu verstehen, dass es nicht so gut passt – worauf er sagt: »Wenn ich dir wirklich so unwichtig bin, dass du lieber zu Hause abhängst, ist das natürlich deine Entscheidung.«

Der Trick: Sie werden wieder emotional erpresst. Der andere tut so, als habe Ihr Nein ihn persönlich beleidigt. Er hofft, dass Sie diese Vorstellung nicht aushalten – und ihm doch noch Ihr Ja geben.

Gegenstrategie: Weisen Sie seine Fehldeutung zurück und wenden Sie seine eigene Strategie vorsichtig gegen ihn (hier im letzten Satz): »Du bist mir auf jeden Fall wichtig. Nur ändert das nichts daran, dass ich für heute Abend schon andere Pläne habe. Wenn auch ich dir wichtig bin, wirst du das verstehen.«

Manipulation 6: Ja voraussetzen

Eine Bekannte ruft Sie an und sagt: »Es ist doch in Ordnung für dich, dass du zu unserem Grillabend deinen legendären Kartoffelsalat mitbringst? Und dann bitte noch eine Schüssel mit Quark und deinen tollen Apfelkuchen.«

Der Trick: Ihr Einverständnis wird gar nicht abgefragt (was Ihnen die Gelegenheit geben würde, Nein zu sagen!), sondern vorausgesetzt. Als wäre es die selbstverständlichste Sache der Welt, dass Sie tun, was von Ihnen erwartet wird.

Gegenstrategie: Decken Sie auf, welche Forderung Ihnen untergejubelt werden soll – und sagen Sie klar, was davon Sie erfüllen wollen und was nicht: »Du bittest mich, für unseren Grillabend drei Sachen vorzubereiten: Kartoffelsalat, Quark und Apfelkuchen? Eine davon kann ich dir zusagen: den Salat.«

Manipulation 7: Forderung kleinreden

Eine Kollegin kommt auf Sie zu: »Das ist jetzt nur eine Kleinigkeit, bei der du mich unterstützen könntest, und zwar …« Was sie jetzt aber aufzählt, klingt nach einem Berg Arbeit. Oder: Ein Bekannter bittet Sie, ihn abzuholen und mitzunehmen: »Es ist ja nur ein ganz kurzer Umweg für dich …« Nach Ihrer Rechnung sind es 30 Kilometer!

Der Trick: Der andere redet seine Forderung klein. Damit setzt er Sie unter moralischen Druck: Wenn Sie dennoch Nein sagen, könnten Sie kleinlich und egoistisch wirken (und er weiß, wie sehr Sie das fürchten!).

Gegenstrategie: Machen Sie klar, dass Ihre Entscheidung nicht von der Größe der Bitte, sondern von grundsätzlichen Erwägungen abhängt: »Unabhängig davon, wie klein oder groß die Aufgabe (oder: der Umweg) ist – im Moment passt es nicht, ich bin zeitlich zu eng eingebunden.«

Manipulation 8: Indirekt fordern

Wer eine Bitte äußert, riskiert ein Nein. Wer Sie aber dazu bringt, dass Sie Ihre Hilfe von allein anbieten, umgeht dieses Risiko. Oft reichen ein paar Andeutungen, schon springen Sie in die Bresche. Zum Beispiel sagt Ihr Chef: »Ich weiß wirklich noch nicht, wer unsere Jubiläumszeitung organisiert. Ich wäre so froh, wenn sich da jemand fände.«

Der Trick: Sie sollen dazu verlockt werden, Ihren Finger freiwillig zu heben – weil Sie es nicht ertragen, dass der andere mit seinem ungelösten Problem allein dasteht.

Gegenstrategie: Schlucken Sie den Köder nicht, sondern sagen Sie einen freundlichen Satz, der Ihre Neutralität betont: »Dann wünsche ich Ihnen, dass sich da noch eine gute Lösung findet. Ich kann ja mal die Ohren offen halten.«

Manipulation 9: Gewohnheitsrecht

Über viele Jahre haben Sie hinter Ihren Kindern hergeräumt. Jetzt, da sie etwas älter sind, fordern Sie mehr Selbständigkeit ein. Doch Ihr Sohn sagt: »Du hast das doch immer für uns gemacht, und es war nie ein Problem.« Oder: Sie sind in der Firma dafür bekannt, dass Sie sich neben Ihrer Kernaufgabe noch um die Azubis kümmern. Als Sie das eines Tages, unter großer Arbeitslast, ablehnen, meint Ihr Chef: »Aber das gehört doch schon immer zu Ihren Aufgaben.«

Der Trick: Aus der Tatsache, dass Sie in der Vergangenheit Ja gesagt haben, leiten die anderen einen künftigen Anspruch darauf ab. Ihnen wird ein schlechtes Gewissen gemacht – als würden Sie durch ein Nein den anderen wegnehmen, was ihnen zusteht.

Gegenstrategie: Machen Sie deutlich, dass Ihre frühere Gefälligkeit Sie nicht zur Fortsetzung verpflichtet, eher davon befreit: »Gerade weil ich mich so viele Jahre um die Azubis gekümmert habe, neben all der anderen Arbeit, finde ich: Es wird höchste Zeit, dass es jemand anders tut.«

Manipulation 10: Ausnahme-Trick

Sie haben mit Ihrer Tochter vereinbart, dass sie spätestens um 23 Uhr zu Hause sein muss. Doch nun steht sie bei Ihnen auf der Matte, klimpert mit den Augen und sagt: »Bitte, bitte, es ist wirklich die Ausnahme: Heute möchte ich eine Stunde länger unterwegs sein, denn ...«

Der Trick: Sie sollen Ihr Nein scheibchenweise aufgeben: nicht grundsätzlich, sondern nur in diesem einen Fall. Oder wollen Sie wirklich hartherzig auf Ihrer Ablehnung beharren? Doch jede Ausnahme, die Sie machen, weicht Ihr Nein auf – bis es am Ende selbst zur Ausnahme wird.

Gegenstrategie: Wiederholen Sie Ihr Nein und erklären Sie, dass Vereinbarungen keinen Spielraum für Ausnahmen vorsehen: »Wir haben 23 Uhr verabredet – damit wir nicht jeden Einzelfall verhandeln müssen. Und dabei bleibt es.«

Nein sagen für Nette – eine Anleitung

Niemand kommt auf die Idee, sich an ein Klavier zu setzen und es sofort zu beherrschen. Jedem ist klar, er muss das Instrument lernen. Warum sollte es mit dem Nein-Sagen anders sein? Auch hier gibt es eine komplizierte Klaviatur und viele Zwischentöne. Und weil Sie als netter Mensch auf ein Ja geeicht sind, tun Sie sich damit besonders schwer. Wie können Sie Ihre Fertigkeiten im Nein-Sagen trainieren? Indem Sie die folgenden 15 Kniffe verinnerlichen.

1. Sehen Sie jede Gelegenheit zum Nein-Sagen als Wachstumschance.
Vielleicht wechseln Sie bislang die Straßenseite, wenn eine Situation auf Sie zukommt, in der Sie Nein sagen müssten. Sie malen sich aus, einen anderen gegen sich aufzubringen und bei ihm in Ungnade zu fallen.

Wie wäre es, sich stattdessen auf die Chancen zu konzentrieren? Zum Beispiel könnten Sie zu sich sagen: »Was für eine tolle Gelegenheit! Jetzt kann ich zeigen, dass ich zu mir selber stehe.

Mit jedem Nein trete ich ein für meine Bedürfnisse, meine Ziele und meine Träume. Mit jedem Nein wachse ich, weil ich für meine Interessen kämpfe. Das erhöht meinen Selbstrespekt, und ich sichere mir den Respekt der anderen. Also: Vielen Dank für diese Chance zum Nein-Sagen, ich nehme sie gerne an!«

Diese Sichtweise hat mehrere Vorteile. Zum einen wird das Nein-Sagen für Sie attraktiv. Und zum anderen werden Sie ausstrahlen, dass Nein-Sagen für Sie ein natürlicher Vorgang ist. Die Manipulatoren haben künftig schlechte Karten.

2. Richten Sie Ihren Fokus nach innen (statt nach außen)!

Die meisten netten Menschen, denen ein Ja rausrutscht, sind in diesem Moment nicht ganz bei sich. Statt nach innen zu lauschen, was sie selber wollen, konzentrieren sie sich auf den anderen: »Was will er von mir? Was würde mein Nein für ihn bedeuten?« Auf dieser Basis entscheiden sie. Das ist so, als würde ein Richter ein Urteil fällen, obwohl er nur eine Partei gehört hat.

Achten Sie auf ein faires Entscheidungs-Verfahren. Wenn jemand etwas von Ihnen will, dann horchen Sie in sich hinein:

- Will ich das auch?
- Passt es in meine Pläne?
- Fühlt es sich gut an?
- Und wie reagiert mein Körper?

Eine Klientin von mir hat festgestellt, dass sie oft die sprichwörtliche Faust in der Tasche ballt, während sie dennoch Ja sagt. Durch diese Fragen ist es ihr gelungen, ihren Willen schneller herauszufinden und durch ein klares Nein zu vertreten.

3. Machen Sie sich bewusst, dass Ihr Selbstwert mit einem Nein wächst (nicht schwindet)!
Wovon hängt ein gesunder Selbstwert ab? Nicht davon, was die anderen über Sie denken – sondern von Ihrer eigenen Meinung über sich. Jedes Ja entgegen Ihrer Überzeugung untergräbt Ihr Selbstwertgefühl. Jeder faule Kompromiss lässt Sie innerlich schrumpfen. Denn Sie nehmen sich, Ihre Wünsche und Ihre Interessen nicht ernst.

Den umgekehrten Effekt erzielen Sie, wenn Sie Ihre eigenen Bedürfnisse konsequent vertreten: Jedes Mal, wenn Sie eine Zumutung ablehnen, wächst Ihr Mut. Jedes Mal, wenn Sie einen anderen stoppen, wächst Ihr Selbstvertrauen. Zum Beispiel können Sie sich sagen: »Wenn ich Nein sage, tu ich meinem Selbstwert etwas Gutes. Ob andere mich gut oder schlecht finden, ist ihre Sache. Davon bin ich umso weniger abhängig, je mehr ich mich selber mag. Ein hoher Selbstwert hilft mir dabei.«

4. Erkennen Sie hinter jedem Nein ein großes Ja zu Ihren Bedürfnissen.
Nein ist ein Wort, das nach Blockade klingt, nach Verweigerung. Aber ist diese Sichtweise wirklich wahr? Setzen Sie eine andere Brille auf: Jedes Nein, das Sie zu anderen sagen, ist ein Ja zu Ihnen selbst.

- Ein Nein zur Überstunde ist ein Ja zu etwas Größerem – etwa einem Abend mit Freunden.
- Ein Nein zu einer Einladung ist ein Ja zu etwas Größeren – etwa einer erholsamen Ruhephase.
- Ein Nein zu einer Beförderung ist ein Ja zu etwas Größerem – etwa zu mehr Zeit für die Familie.

Der entscheidende Gedanke: Sie sprechen sich *für* Ihre eigenen Bedürfnisse aus, nicht *gegen* die eines anderen.[73]

Was passiert, wenn Sie »Nein« ab sofort als ein konstruktives Wort sehen, das Ihnen hilft, Ihr Leben zu gestalten, Ihre Zeit einzuteilen und Prioritäten zu setzen? Ich wette: Dieses Bedeutungs-Reframing[74], dieser neue Blick aufs alte Wort, kann dazu führen, dass Ihnen das Nein-Sagen Lust statt Frust bereitet. Probieren Sie's aus!

5. Schnallen Sie sich keinen fremden Rucksack um!

Nette Menschen ziehen die Probleme anderer Leute an. Zum Beispiel ist eine Kollegin in die Schulden gerutscht, weil sie über ihre Verhältnisse lebt. Nun steht sie bei Ihnen am Schreibtisch und bittet Sie, ihr etwas Geld zu leihen (obwohl sie Ihnen die letzte Leihgabe noch schuldig ist!). Und Sie denken sofort: »Wenn ich ihr das Geld nicht gebe, steht sie heute Abend vielleicht ohne Essen da. Oder kann die Busfahrkarte für ihr Kind nicht mehr kaufen. Oder der Strom wird ihr abgedreht.«

Dieses soziale Denken spricht für Sie, aber: Wer anderen aus der Patsche hilft, unterstützt damit oft jenes Verhalten, das in die Patsche geführt hat. Zum Beispiel mogelt sich die Kollegin mit dem von Ihnen geliehenen Geld noch etwas länger an der wichtigen Erkenntnis vorbei, dass sie ihren unrealistischen Lebensstandard senken muss.

Nach 20 Jahren als Karriere- und Persönlichkeitsberater darf ich Ihnen versichern: Am sozialsten ist es, einem Menschen die Verantwortung für sein Leben zu lassen – und nicht, sie ihm abzunehmen. Dabei hilft ein einziges Wörtchen: Nein.

6. Lassen Sie sich nie überrumpeln – nehmen Sie sich Zeit!

Jemand stürmt auf Sie zu mit der Frage: »Kannst du mal eben für mich ...?« – und verblüfft nehmen Sie wahr, wie Ihnen ein Ja über die Lippen gleitet. Ein paar Sekunden später ärgern Sie sich: »Wie konnte ich nur Ja sagen? Warum habe ich nicht Nein gesagt?«

Sensible Menschen erleben oft, dass sich ihr Denken im Gespräch dem anderen anpasst und ihr eigener Gedankenfluss zu spät ankommt.[75] Das erwünschte Ja, das der andere wie ein Magnet anzieht, erreicht Ihre Lippen schneller als das empfundene Nein, das langsam von innen reift.

Stellen Sie sich vor, dass es in Ihrem Kopf zwei Schubladen gibt: eine oft benutzte, die offen steht – und eine selten verwendete, die geschlossen ist und ein wenig klemmt. Wenn Sie unter Druck antworten, greifen Sie automatisch in die offene Schublade. Dort stoßen Sie auf Vokabeln, für die Sie von Eltern und Lehrern belohnt wurden: »Ja«, »Geht klar«, »Kein Problem«, »Mach ich«, »Ist in Ordnung«.

Dagegen müssten Sie deutlich mehr Konzentration und Zeit aufwenden, um die zweite, klemmende Schublade zu öffnen. Dort finden Sie Formulierungen wie: »Nein«, »Da passe ich«, »Im Moment nicht«, »Ich habe andere Pläne«, »Ich will das nicht«.

Wie können Sie Zeit gewinnen, um diese (noch) ungewohnte Schublade aufzuziehen? Indem Sie sagen: »Lass mich einen Moment nachdenken, ich komme gleich auf dich zu.« Formulieren Sie es unbedingt als Aussage und nicht als Bitte, die der andere ablehnen könnte (»Kann ich mir etwas Zeit nehmen?«). Dann sammeln Sie sich innerlich, entscheiden sich für eine Schublade – und ziehen gegebenenfalls ein kräftiges Nein heraus, mit dem Sie dem anderen gegenübertreten. Diese Ruhe und Entschiedenheit gibt Ihnen große Souveränität.

7. Reagieren Sie freundlich und wertschätzend.

Nette Menschen denken oft in Extremen: Wenn ich Ja sage, nehmen mich die anderen als sozial, freundlich und aufgeschlossen wahr. Aber wenn ich Nein sage, gelte ich als raubeinig, unsozial und egoistisch. Dabei übersehen sie die Chance, dass sich ein Nein auf freundliche und respektvolle Weise vermitteln lässt.

Wie das geht? Würdigen Sie das Anliegen des anderen, ehe Sie Ihr Nein aussprechen – und enden Sie mit Ihren guten Wünschen: »Vielen Dank für deine Einladung. Es freut mich, dass du an mich denkst. Nur habe ich diesen Abend schon anders verplant. Ich wünsche dir, dass ihr eine schöne Feier habt.«

Ob Sie jemandem Wertschätzung vermitteln, hängt nicht davon ab, ob Sie Ja oder Nein sagen – sondern *wie* Sie es sagen. Ein herzliches Nein kann dem anderen mehr Respekt vermitteln (und Ihnen einbringen) als ein automatisiertes Ja. Auch ein Korb, den Sie geben, kann ein verbaler Geschenkkorb sein.

8. Äußern Sie Ihr Nein mit einer gewissen Selbstverständlichkeit.

Viele nette Menschen tragen ihr schlechtes Gewissen beim Nein-Sagen vor sich her: »Es tut mir total leid, aber ich kann nicht kommen. Ich hoffe, das bringt deine Pläne jetzt nicht völlig durcheinander. Sorry, wirklich, es geht einfach nicht.«

Welcher Eindruck entsteht, wenn Sie sich für Ihr Nein »entschuldigen«? Dass Sie damit – wörtlich genommen – »Schuld« auf sich laden und um Vergebung bitten. Aber die werden Sie nicht bekommen, denn dadurch wittert der andere seine zweite Chance: »Doch, du bringst meine Pläne durcheinander! Alle anderen Gäste haben zugesagt. Los, jetzt gib dir einen Ruck!«

Umgekehrt wird ein Schuh daraus: Tragen Sie Ihr Nein freundlich, bestimmt, aber ohne Entschuldigung vor. Es ist das Wesen einer Einladung, dass Sie sie ablehnen können, sonst wäre es eine Einberufung. Und es ist das Wesen einer Bitte, dass Sie ihr nicht entsprechen müssen, sonst wäre es ein Befehl. Mit einem Nein laden Sie keine Schuld auf sich, sondern nehmen Ihr gutes Recht wahr. Das sollten Sie auch ausstrahlen.

9. Senden Sie klare Botschaften: durch Sprache und Körper.

Wenn Sie »Eigentlich nicht« sagen, kommt beim anderen an: »Vielleicht doch!« Wenn Sie lächeln, während Sie etwas ablehnen, senden Sie die Botschaft: »Mein Wille wackelt.« Und wenn Sie derweil nervös am Kinn zupfen oder einen Stift vor sich auf dem Tisch rollen, kommt beim anderen an: »Ich bin unsicher – vielleicht sag ich doch noch Ja.«

Wann immer Sie eine Doppelbotschaft senden, hört der Empfänger, was er hören will: das halbe Ja. Er betrachtet das als Einladung nachzuhaken, Druck zu machen und Sie doch noch rumzukriegen.

Darum ist es so wichtig, dass Sie Ihre Botschaft *klar* transportieren. Forscher der Universität Wisconsin haben herausgefunden, wie Sie auf eine Bitte am wirkungsvollsten Nein sagen: kurz, gezielt und ohne lange Erklärung.[76] Idealerweise *beginnt* Ihre Antwort schon mit einem Nein, zum Beispiel: »Nein, am Wochenende passt das nicht. Da habe ich andere Pläne.« Dieses verbale Stoppschild lässt keinen Spielraum für Interpretationen.

Meiden Sie Konjunktive und sprachliche Weichmacher wie »vielleicht« oder »eigentlich«. Formulieren Sie umso bestimmter, je mehr Widerstand Sie erwarten. Gegenüber moderaten Zeitgenossen funktioniert eine sanfte Variante: »Nein, das passt leider nicht.« Dagegen verstehen fordernde Menschen deutliche Worte besser: »Nein, das ist ausgeschlossen«, »Nein, das kommt nicht in Frage«, »Nein, auf keinen Fall«. Solche Formulierungen machen klar: Ihr Nein ist wie in Beton gegossen, es gibt keinen Verhandlungsspielraum.

Achten Sie darauf, dass Sie in einer tiefen Tonlage sprechen. Eine zugeknöpfte Körpersprache, etwa vor der Brust verschränkte Arme, kann die sprachliche Botschaft unterstreichen. Halten Sie beim Nein-Sagen den Blickkontakt. Und sorgen Sie dafür, dass Sie Ihrem Gesprächspartner körperlich mindestens auf Augenhöhe begegnen. Wenn er vor Ihren Schreibtisch tritt, dann stehen Sie zum Nein-Sagen auf. Er darf nicht auf Sie herabschauen.

10. Zeigen Sie dem anderen, was er von Ihrem Nein hat.

Wenn Ihr Vorgesetzter Sie zu einer Überstunde nötigen will, obwohl Sie schon auf dem Zahnfleisch gehen, wie reagieren Sie dann? Natürlich können Sie Ihr Nein damit begründen, dass Sie ausgepowert sind und Ihre Ruhe brauchen. Klüger ist es jedoch, dass Sie den Vorteil des anderen einbinden – er soll erkennen, dass das Nein auch ihm dient: »Im Moment ist meine Konzentration verbraucht. Ich benötige jetzt den Feierabend, um mich zu erholen.« *(Sie beginnen mit Ihrer eigenen Perspektive, um dann eine Brücke zum Gesprächspartner zu bauen.)* »Dann kann ich morgen wieder voll konzentriert an die Arbeit gehen. Denn Fehler dürfen wir uns bei diesem wichtigen Projekt nicht erlauben.«

(Sie deuten an, dass eine Fortsetzung Ihrer Arbeit gefährlich wäre – weil sich Fehler einschleichen könnten.)

Einigen Chefs ist es egal, ob ihre Mitarbeiter gut erholt sind oder nicht. Aber jeder Chef will produktive Mitarbeiter am Start haben und vermeiden, dass sich Fehler in die Arbeit einschleichen – denn dafür müsste er seinen Kopf hinhalten.

Fragen Sie sich vor jedem Nein, was der andere davon hat. Und binden Sie diesen Aspekt mit ein. Dann fühlt sich das Nein für Sie sozialer an. Und es sinkt die Wahrscheinlichkeit, dass Sie mit Widerspruch kämpfen müssen.

11. Machen Sie Ihr Nein zum Bollwerk, das nicht wackelt.

Was tut ein Kind, wenn Sie ihm einen wichtigen Wunsch abschlagen? Es sagt »Bitte, bitte!«, um Sie zu erweichen. Erwachsene verhalten sich genauso. Ein Nein wird als Verhandlungsgrundlage gesehen: Mal schauen, ob da nicht doch was geht!

Und nun lauert eine Falle: Weil der andere verhandelt, kommen Sie ihm ein Stück entgegen. Aber weil Sie ihm ein Stück entgegenkommen, zieht er Sie weiter in seine Richtung, bis er gewonnen hat.

Darum: Lassen Sie sich nicht auf eine Diskussion ein, das weckt falsche Hoffnungen. Schieben Sie keine neuen Argumente nach, das beschwört neue Gegenargumente herauf. Besser: Wiederholen Sie Ihr Nein im selben Wortlaut, zum Beispiel: »Nein, auf keinen Fall.« Ganz egal, welche rhetorischen Schliche sich der andere einfallen lässt, ob er droht, an Ihr Mitleid appelliert oder Sie zu sozialem Verhalten ermahnt – Sie sagen weiterhin: »Nein, auf keinen Fall.«

Diese Technik nennt sich »Schallplatte mit Sprung«[77] und hat einen bestechenden Vorteil: Sie frustriert den anderen. Er merkt, dass seine erneuten Vorstöße nichts bewirken. Alles bleibt beim Alten, sogar Ihre Wortwahl. Schnell wird er aufhören, sich seinen Kopf an Ihrer rhetorischen Mauer blutig zu rennen. Dann haben Sie sich durchgesetzt.

12. Entwaffnen Sie Manipulationen, indem Sie sie aufdecken.

»Kannst du bitte ganz, ganz schnell eine wichtige Sache für mich erledigen – und zwar ...?« Wenn jemand mit diesen Worten auf Sie zukommt, und die »Sache« ist mehr als eine Kleinigkeit, dann will er Sie unter Zeitdruck setzen. Damit Sie in die offene Ja-Schublade greifen, statt lang nach einem Nein zu fummeln.

Oder: Ein Kollege lobt Ihr »geniales Fremdsprachen-Talent« – ehe er Sie dafür einspannen will, ein Dokument für ihn zu übersetzen. Hier soll das Lob als Schmiermittel für Ihr Ja dienen.

Was tun Sie, wenn jemand Sie zu einem Ja manipulieren will, ein Verhalten, das vor allem Narzissten an den Tag legen?[78] Decken Sie die Manipulation auf, dann verpufft sie. Zum Beispiel sagen Sie: »Du setzt mich gerade unter Zeitdruck. Ich möchte über diese Entscheidung in Ruhe nachdenken.« Oder: »Lobst du mein Sprachtalent, weil du glaubst, dass ich dir die Arbeit dann eher abnehme?« Und schon muss der andere sich rechtfertigen – und Sie haben Zeit, sich innerlich zu sammeln und eine stimmige Antwort zu finden.

13. Werfen Sie Nebel, wenn es sein muss.

Wenn Sie jemand überreden will, entsteht rasch ein Teufelskreis: Sobald Sie ihm widersprechen, fühlt er sich eingeladen, Argumente nachzulegen. Es ist, als würden Sie einen Ball unter die

Wasseroberfläche drücken, der dann mit umso mehr Energie nach oben schnellt. Einfaches Gegenmittel beim Nein-Sagen: Widersprechen Sie den Argumenten nicht, sondern räumen Sie ihre mögliche Richtigkeit ein:

»Du wirst die Reise nach Neuseeland nicht bereuen«, versichert Ihnen ein Freund. »Es gehört zu den schönsten Ländern der Erde.«

Sie: »Das mag sein, dass es eines der schönsten Länder ist. Nur komme ich nicht mit.«

»Aber alle aus unserem Freundeskreis haben zugesagt. Es wäre unkollegial von dir, nicht mitzukommen.«

»Auch wenn dir das unkollegial erscheint: Ich komme nicht mit.«

»Was ist denn plötzlich mit dir los? Auf einmal bist du so egoistisch und denkst gar nicht mehr an die Gruppe.«

»Vielleicht bin ich egoistisch. Auf jeden Fall komme ich nicht mit.«

Solange Sie über Argumente diskutieren, wecken Sie beim anderen den Ehrgeiz, immer neue vorzubringen. Wenn Sie dagegen die mögliche Berechtigung all seiner Argumente einräumen, sieht er ein, dass nichts zu machen ist. Er läuft in eine verbale Nebelwand – weshalb man diesen rhetorischen Kniff »Vernebelungs-Methode«[79] nennt.

14. Verweisen Sie auf Ihr inneres Gesetz: das Prinzip.

Nette Menschen fühlen sich oft unter Druck, ihr Nein zu rechtfertigen. Aber alle spezifischen Gründe, die Sie nennen, sind anfechtbar. Zum Beispiel sagen Sie: »Ich kann nicht zu der Feier kommen, da ich schon einen Termin habe.« Sofort hakt der andere nach: »Kannst du den Termin nicht verschieben?« Oder: »Ich kann dir mein Auto nicht leihen, ich muss um 20 Uhr meine Tochter abholen.« Der andere: »Dann leih mir dein Auto doch ab 20.30 Uhr!«

Dagegen bekommt Ihre Argumentation etwas Unumstößliches, wenn Sie sich auf Prinzipien berufen: »Ich verbringe den Mittwochabend grundsätzlich mit meiner Familie. Das haben wir so festgelegt, da gibt es keine Ausnahmen.« Oder: »Ich verleihe mein Auto prinzipiell nicht. Das habe ich schon anderen gesagt, die mich gefragt haben. Und das sage ich jetzt auch dir.«

Ein Prinzip ist ein inneres Gesetz – wenn Sie sich darauf berufen, wächst Ihre Autorität. Der andere versteht schnell, dass ein weiteres Anrennen keinen Sinn ergibt.

15. Zeigen Sie eine Alternative auf.

Wenn Sie Nein sagen, aber dem anderen dennoch weiterhelfen wollen: Überlegen Sie, welche Alternativen Sie ihm anbieten können. Zum Beispiel will Sie jemand zu einem Kurzurlaub überreden – und Sie antworten: »Das passt nicht in meine Pläne. Aber wir können uns gern mal wieder für ein gemeinsames Abendessen verabreden.«

Oder Ihr Chef sucht dringend einen Projektleiter – Sie lehnen ab und schlagen vor: »Sprechen Sie doch mal Birgit an. Sie sagte neulich, dass sie gern wieder ein neues Projekt hätte.«

Diese Variante dokumentiert Ihren guten Willen, weil Sie einen konstruktiven Vorschlag machen – zugleich bleibt Ihr Nein *in dieser Sache* unangefochten stehen.

Meine Nettigkeits-Prüfung

Prügelknabe fürs Fernsehen

Die Situation:
Ich bin Chefredakteur in einem Lifestyle-Konzern, als mich die Redakteurin eines TV-Senders anruft. Sie möchte, dass ich eine Beauty-Expertin für einen Nachmittags-Talk an sie vermittele. Ich beschreibe ihr eine Kollegin, die prima passen könnte. Sie ist begeistert. Ich sage ihr, dass ich für meinen Vorschlag noch den Segen der Geschäftsleitung brauche. Danach würde ich mich melden.

Meine Geschäftsleitung lehnt ab. Mit schlechtem Gewissen rufe ich die Redakteurin an. Sie ist außer sich vor Wut und brüllt: »Sie brechen Ihr Wort! So was habe ich ja noch nie erlebt. Ich hab mich auf Sie verlassen!« Ich bin überrumpelt und spüre, wie mein Herz rast. Zugleich ärgert mich ihre Reaktion. Was tun?

Übung: Wie hätten Sie an meiner Stelle reagiert?

____

____

____

____

Meine Reaktion: Ich sage zu der Redakteurin: »Wir haben doch vereinbart …« Aber sie brüllt weiter. Mehrfach hole ich zu einer Rechtfertigung aus, doch sie schneidet mir das Wort ab. Erst nach mehreren Minuten – mein Ohr dröhnt schon – kann ich sagen: »Ich hatte Ihnen ausdrücklich unter Vorbehalt zugesagt. Es tut mir wirklich leid, dass unsere Geschäftsleitung dagegen war.« Nun brüllt sie noch lauter: »Von Ihrem ›Es tut mir leid!‹ kann ich mir auch nichts kaufen!«

Bewertung aus heutiger Sicht: Ich hätte mir die aggressive *Form* ihrer Äußerung verbitten müssen, statt über den Inhalt zu sprechen: »Ihre Lautstärke lässt kein vernünftiges Gespräch zu. Ich fühle mich gerade sehr gestresst. Entweder sprechen Sie leiser, dann können wir den Sachverhalt diskutieren. Oder ich lege jetzt auf.«

Kommentar: Je länger ich mir ihren Tonfall gefallen ließ, desto mehr fühlte sie sich dazu legitimiert. Und indem ich mich am Ende auch noch bei ihr entschuldige (»… tut mir wirklich leid«), statt umgekehrt, schleudere ich mich vollends in den Tiefstatus.

Die heutige Variante dagegen ist aufrichtig, setzt klare Grenzen und kündigt Konsequenzen an. Damit hätte ich mich vernünftig abgegrenzt.

Die Nettigkeits-Falle: Wer als Netter Nein sagt, hat ein schlechtes Gewissen. Die Redakteurin muss gewittert haben, wie unwohl ich mich mit der Absage gefühlt habe. Und weil sie gespürt hat, dass ich in der Defensive bin, ist sie immer aggressiver geworden – wie ein Raubtier, wenn jemand vor ihm flüchtet.

Meine Lehre: Lass dich nicht anbrüllen, auch wenn sich jemand über dich ärgert. Für seine Gefühle ist er verantwortlich, nicht du. Wahre deinen Selbstrespekt, dann respektieren dich auch andere.

8 Karriere machen: So zeigen Sie Biss im Beruf

In diesem Kapitel erfahren Sie …

- warum Bescheidenheit der größte Karrierekiller der Welt ist,
- warum Titel viel wichtiger sind, als nette Menschen sie nehmen,
- was Sie tun können, wenn Ihnen jemand eine Idee klaut und
- in welchen sieben Job-Situationen Sie Ihre Nettigkeit ablegen und klare Kante zeigen sollten.

Warum Bescheidenheit Ihren Erfolg verbaut

Was passiert, wenn Studierende nach einer Klausur vor die Gruppe treten und ihre Note einschätzen sollen: Fallen die Prognosen realistisch aus? Werden die Noten schöngeredet? Oder zu schlecht eingeschätzt?

Und nun stellen Sie sich weiter vor, dass die Studierenden neben der öffentlichen Schätzung eine geheime Prognose auf einem Zettel abgeben. Glauben Sie, die notierte Note stimmt mit der öffentlichen Schätzung überein? Oder weicht sie ab? Wenn ja, in welche Richtung: nach oben oder nach unten?

Dieses wissenschaftliche Experiment ergab: Auffallend viele männliche Studenten gaben öffentlich eine schmeichelhafte Prognose ab, zum Beispiel sagten sie sich die Note Zwei voraus. Dagegen schrieben sie auf den Zettel eine Drei. Umgekehrt die meisten Frauen: Sie schätzten sich öffentlich schlechter ein. Wer meinte, eine Eins geschrieben zu haben, sagte sich vor der Gruppe zum Beispiel nur eine Zwei voraus.[80]

Dass jemand seine Leistung für die Öffentlichkeit frisiert, leuchtet ein: Er möchte der Gruppe imponieren und sich keine Blöße geben. Aber warum wertet jemand seine Leistung ab?

Die Erklärung hat mit dem Nettsein in der Muttermilch zu tun, das Mädchen in noch größerer Dosis als Jungs verabreicht wird, und lautet etwa so: »Ich wollte verhindern, dass diejenigen, die ihre Prüfung verhauen haben, sich schlecht fühlen. Außerdem hätte eine gute Prognose als Prahlerei rüberkommen können. Und was, wenn mein Ergebnis am Ende schlechter ausgefallen wäre? Dann hätten sich einige ins Fäustchen gelacht.«

In dieser Begründung finden Sie zwei Risiken, die netten Menschen, auch Männern, den beruflichen Erfolg erschweren:

1. Unsymmetrische Empathie

Wer Rücksicht auf andere nimmt, ohne dass die Rücksicht auf ihn nehmen, verliert an Boden. Während die Studentinnen aus Feingefühl ihre guten Noten schlechtreden, reden ihre Kommilitonen aus Geltungsbedürfnis ihre schlechten Noten gut. Das führt zu einer doppelten Verzerrung. Eine Studentin, die ihre erwartete 2,0 um eine Note senkt, wird von der Gruppe mit 3,0 wahrgenommen. Ein Student, der seine erwartete 3,5 um eine Note aufrundet, präsentiert sich mit 2,5. Plötzlich liegt der Student nicht mehr 1,5 Notenpunkte zurück – sondern um 0,5 Notenpunkte vorne.

Dieses Verhalten hat auch mit den Geschlechterrollen zu tun: Noch immer werden Söhne von ihren Eltern stärker ermutigt, für ihre Interessen zu kämpfen und Farbe zu bekennen. Mädchen dagegen werden eher erzogen zu einem damenhaften Verhalten, zu Bescheidenheit und Schüchternheit.[81]

Bei dieser Prüfung kamen die Untertreiberinnen glimpflich davon: Ihre Klausuren wurden von Professoren bewertet, nach objektiven Kriterien. Aber nach welchen Maßstäben wird Erfolg in der Arbeitswelt beurteilt? Zum Beispiel:

- Nach welchen Kriterien bemisst sich der Wert einer Idee, die jemand beim Meeting vorbringt?
- Mit welchen objektiven Maßstäben lässt sich kontrollieren, ob ein Bewerber für einen Job wirklich geeignet ist (oder nur so tut, als ob)?

- Welche Parameter verraten, ob ein Projekt wirklich ein Erfolg war?
- Nach welchem neutralen Punktesystem lässt sich beurteilen, ob jemand eine Gehaltserhöhung verdient hat oder nicht?
- Wie lässt sich die Qualität eines Kundengespräches bis hinters Komma benoten?

Die Wahrheit ist: Beruflicher Erfolg basiert nicht auf Fakten, sondern auf subjektiven Eindrücken. Entscheidend ist, was im Wahrnehmungs-Filter Ihres Chefs hängenbleibt – im Zweifel das, was am besten zu seinem Bild von Ihnen passt.[82] Beruflicher Erfolg speist sich *nicht* aus der erbrachten, sondern aus der präsentierten Leistung, aus dem Bild, das Sie erzeugen. Die eigentliche Leistung macht nur einen Bruchteil aus – alles andere hängt davon ab, wie gut Sie sich verkaufen und wie gut Ihre Kontakte zu den Entscheidern sind.[83]

Selbst-PR schlägt Fleiß, Vitamin B kommt vor Qualifikation. Falls Sie sich immer schon gefragt haben, wie einige Schaumschläger in Ihrer Firma aufgestiegen sind – jetzt wissen Sie's!

Viele Führungskräfte sind im Alltag so eingespannt, dass sie ihren Mitarbeitern nur selten über die Schulter schauen. Die meisten Arbeitsergebnisse kennen sie nur vom Hörensagen – umso mehr, je größer eine Firma ist. Ob jemand als Leistungsträger gilt, hängt davon ab, wie er über seine Arbeit spricht. Erfolgsmeldungen erzeugen Erfolge. Als hätten die Professoren gesagt: »Wozu die Klausuren noch durchsehen? Wir richten uns nach der Selbsteinschätzung der Studierenden!«

Deshalb bleiben nette Menschen im Karriererennen so oft auf

der Strecke: weil sie sich zurücknehmen, weil sie ihre Leistung untertreiben, weil sie niemanden einschüchtern wollen.

Gerade neulich hat mir die Projektmitarbeiterin Anett Belchen (34) berichtet, sie habe sich in einer großen Sitzungsrunde über einen schlecht vorbereiteten Kollegen aufgeregt: »Der hat reihenweise mit falschen Zahlen operiert. Aber korrigiert habe ich ihn nicht. Das hätte ihn ja öffentlich bloßgestellt.« Sie ließ die Chance, mit ihrer Expertise zu glänzen, ungenutzt verstreichen. Sie schonte einen Kollegen, der es aufgrund seiner schlechten Vorbereitung nicht verdient hatte – und der sie im umgekehrten Fall wohl lauthals korrigiert und sich auf ihre Kosten profiliert hätte.

Wieder eine doppelte Verzerrung: Der Kollege stand unverdient gut da. Und Anett Belchen unverdient schlecht, denn sie glänzte nicht durch eine fachkundige Korrektur, sondern machte sich durch ihr Schweigen unsichtbar. Raten Sie mal, welches Verhalten bei Vorgesetzten eher Pluspunkte bringt.

2. Bescheidenheit aus Selbstzweifel

Können Sie nachempfinden, wie unangenehm es den Studentinnen gewesen wäre, sich eine 1,5 vorherzusagen, dann aber nur eine 2,0 zu bekommen? Neigen auch Sie zu übertrieben vorsichtigen Prognosen, um niemanden zu enttäuschen? Im Berufsleben kann das bedeuten:

- Sie sagen den Abschluss eines Projektes »bis Ende der Woche« zu – auch wenn Sie guter Dinge sind, es schon bis Mittwoch zu schaffen.
- Sie geben Ihre Umsatzprognose auf dem Niveau des Vorjah-

res ab – auch wenn Sie sich zutrauen, eine Steigerung um fünf Prozent zu schaffen.

- Sie weisen Ihren Chef, wenn Sie eine Arbeit abgeben, auf mögliche Mängel hin (»Es ist wirklich noch nicht perfekt!«) – auch wenn Sie Ihre Leistung für recht ordentlich halten.

Dieser unrealistische Pessimismus soll den Erwartungsdruck mindern. Wenn der Chef mit dem Projekt bis Mittwoch kalkuliert, aber es wird erst Donnerstag fertig, könnte ihn das verärgern. Nette Menschen wollen niemanden enttäuschen. Sie legen die Latte niedrig, um sie deutlicher zu überspringen.

Dabei bremsen sie sich oft selber aus. Wenn ihre positive innere Stimme sagt: »Du schaffst das Projekt bis Mittwoch«, antwortet der Mauli sofort: »Träum weiter! Es tauchen doch jedes Mal unvorhergesehene Schwierigkeiten auf. Und dann bist du mit deiner Großmaul-Prognose erledigt.«

Und nette Menschen wollen niemandem auf die Füße treten. Zum Beispiel denkt der Vertriebsmitarbeiter: »Ich kann doch kein Umsatzplus von zehn Prozent ankündigen, damit setze ich meine Kollegen unter Zugzwang.« Oder die Projektleiterin denkt: »Mein Kollege hat für ein ähnliches Projekt fünf Tage gebraucht. Wenn ich es jetzt in drei Tagen hinbekomme, stelle ich ihn bloß.«

Aber wie verhalten sich Karriere-Konkurrenten, die nicht so nett und bescheiden sind? Sie kündigen an, das Projekt bis Dienstag zu schaffen (auch wenn es Donnerstag wird). Sie sagen voraus, den Umsatz um 15 Prozent zu steigern (auch wenn er schließlich stagniert). Und sie überreichen ihrem Chef die eigene Arbeit mit den Worten: »In aller Bescheidenheit: Das ist wirklich gut gelungen, viel Spaß beim Lesen!« Die positive Selbsteinschätzung überstrahlt das dürftige Ergebnis.

Falls Sie bescheiden sind, bedeutet das: Je mehr die anderen auf den Putz hauen, desto mehr fällt Ihre Leistung ab. Und diejenigen, auf die Sie Rücksicht nehmen, nehmen keinerlei Rücksicht auf Sie. Das schadet Ihnen, aber auch Ihrer Firma – denn die Falschen werden belohnt, befördert, nach oben gespült.

Was können Sie dagegen tun? Sagen Sie zu, was Sie sich zutrauen, nicht weniger. Rücken Sie sich ins rechte Licht, stehen Sie zu Ihrer Leistung. Zeigen Sie, was Sie auf dem Kasten haben, indem Sie Ihre Ergebnisse bei Meetings präsentieren. Seien Sie stolz auf Ihre Erfolge und lassen Sie es Ihre Führungskraft wissen. Erst wenn alles auf der Waagschale *sichtbar* wird, was Sie zu bieten haben, kann Ihre Firma fair antworten – zum Beispiel durch eine Gehaltserhöhung oder eine Beförderung.

Der Zweck heiligt die Titel

Wenn sich zwei Firmenvertreter begegnen, verhalten sie sich wie Westernhelden. Nur ziehen sie nicht den Colt, sondern ihre Visitenkarten. Nicht »Verkäufer« steht dort, sondern »Sales Manager«; nicht »Grafiker«, sondern »Art Director«; nicht »Kundenbetreuer«, sondern »Account Executive«; nicht »Berater«, sondern »Senior Consultant«. Das klingt enorm wichtig. Und so soll es klingen.

Nette Menschen hassen solche Statusspiele. »Ich definiere mich nicht über meine Visitenkarte«, sagte Adrian Horvat (29) in der Beratung. Sein Chef hatte ihm den Titel »Key Account

Manager« angeboten, er jedoch abgelehnt. »Was hätte ich davon? Ich mache nach wie vor denselben Job, das wäre Aufschneiderei.«

Ich fragte: »All Ihre Kollegen nennen sich auch ›Kundenbetreuer‹, keiner ist ›Key Account Manager‹?«

»Doch, doch – es gibt ein paar Oberwichtige, die unserem Chef diesen Titel aus den Rippen geleiert haben. Nur deshalb hat er ihn mir angeboten, vermutlich aus Gründen der Gleichbehandlung. Aber ich habe das nicht nötig.«

»Was stört Sie eigentlich an der Bezeichnung ›Key Account Manager‹?«

»Alles! Ich betreue nach wie vor auch kleine Kunden. Und ich bin ihr Ansprechpartner für ganz alltäglichen Kram – also weit entfernt von der Bezeichnung ›Manager‹.«

»Und Ihre Kollegen? Verdienen die den Manager-Titel denn eher?«

Er schüttelte ungehalten den Kopf. »Die machen den gleichen Job wie ich.«

»Ich stelle mir gerade vor, dass Sie bei einer Sitzung neue Kunden treffen. Und jetzt überreichen einige Kollegen ihre ›Manager‹-Visitenkarten. Und dann Sie Ihre als ›Kundenbetreuer‹. Käme Ihnen das nicht merkwürdig vor?«

Er verzog sein Gesicht. »Soll ich jetzt zum Hochstapler werden, nur weil die anderen es sind?«

»Nein, aber Sie könnten sich fragen: ›Welche Signalwirkung hat mein Titel? Warum reagiere ich auf das Wort *Manager* so allergisch? Und inwieweit verbaut mir meine Bescheidenheit den Weg?‹«

Es dauerte eine knappe Stunde, bis wir herausgefunden hatten, was Adrian Horvat am meisten bremste: die Vorstellung, zu hohe Erwartungen auf sich zu ziehen. Zum Beispiel malte er sich aus, dass Kunden von ihm Rabatte und Vorteile erwarteten, die er als Kundenbetreuer gar nicht gewähren konnte. Und der Gedanke, im Freundeskreis als »Key Account Manager« zu gelten, war ihm extrem peinlich: »Die meisten meiner Freunde sind Handwerker. Die würden sagen: ›*Manager*‹ nennt er sich jetzt? Will er uns denn sagen, dass er es zu mehr gebracht hat als wir?«

Viele nette Menschen kämpfen mit diesem Problem, es hat sogar einen wissenschaftlichen Namen: Hochstapler-Syndrom.[84] Sie steigen auf in eine wichtige Position oder verkehren mit bedeutenden Leuten, aber ihr Mauli flüstert ihnen: »Die merken schon noch, dass du der Sache nicht gewachsen bist! Du gehörst nicht in diese Position, nicht in diese Kreise!«

Dann sitzen sie in einer wichtigen Position, ohne sie auszufüllen. Dann haben sie neue Rechte, etwa Arbeit zu delegieren, aber bleiben im alten Verhalten hängen und machen alles selber. Dann spielen sie Führungskraft, ohne es innerlich zu sein.

Andere Nette beugen diesem Problem vor, indem sie bewusst darauf verzichten, sich auf exponierte Positionen zu bewerben. Sie heben nie den Finger, wenn ein spannendes Projekt zu vergeben ist. Sie lehnen Titel und Beförderungen ab, weil sie unbedingt in der zweiten Reihe bleiben wollen. Und die Rednereinladung zum Kongress geben sie an eine Kollegin weiter, die sich nicht mit Bescheidenheit aufhält.

Ich kenne sogar promovierte Mitarbeiterinnen – meist sind es Frauen! –, die ihren Doktortitel in der Signatur verschweigen oder bei der Selbstpräsentation allenfalls flüstern. Als wäre die Promotion kein offizieller Bestandteil des Namens, sondern ein arrogantes Winken vom hohen Ross, das alle titellosen Mitmenschen provoziert.

Nette Menschen fühlen sich oft von anderen überschätzt. Und warum? Weil sie sich selbst *unterschätzen.* Und diese Selbstzweifel projizieren sie nach außen. Weil Adrian Horvat selbst meinte, der Manager-Titel sei für ihn eine Nummer zu groß, fürchtete er, Kunden und Freunde könnten ins selbe Horn stoßen.

Wie kann es gelingen, die eigenen Qualitäten mit mehr Distanz zu sehen? Adrian Horvat lud ich zu folgender Übung ein: Ich stellte mehrere Stühle in den Raum, auf jeden durfte er ein Pappschild mit dem Namen eines Kollegen, Vorgesetzten oder Freundes kleben. Dann nahm er auf den einzelnen Stühlen Platz, fand sich in die jeweilige Rolle ein und wurde von mir zu sich, dem Kollegen, Mitarbeiter oder Freund Adrian Horvat, interviewt. Zum Beispiel fragte ich ihn, als er die Rolle seines Chefs bekleidete:

- Warum ist es für Herrn Horvat wichtig, dass er den Titel ›Key Account Manager‹ annimmt?
- Welche Signalwirkung hat dieser Titel, intern und extern?
- Welche Management-Elemente sind in seiner heutigen Arbeit schon enthalten?
- Inwiefern hebt er sich positiv von seinen Kollegen ab?
- Welche seiner Qualitäten schätzen Sie am meisten?

Aus der Perspektive der anderen legte Horvat seine übertriebene Bescheidenheit ab. Es gelang ihm, den Titel in einem neuen Licht zu sehen. Er räumte ein, dass ein Verzicht schlecht für seinen Rang in der Gruppe und gegenüber den Kunden wäre. Zugleich half ihm die Rolle des Chefs, seine Arbeitsleistung mehr zu würdigen. Überrascht fiel ihm auf, wie viele Management-Tätigkeiten seine Aufgabe bereits enthielt. So koordinierte er die Zusammenarbeit mit der Produktentwicklung und nahm wichtige organisatorische Aufgaben wahr.

Erst als er sich und seine Arbeit mehrfach durch die Brille anderer gesehen hatte, fiel das Hochstapler-Syndrom von ihm ab: Er war nun überzeugt davon, diesen Titel wirklich zu verdienen. Und nahm ihn endlich an.

Die Frau, die kein Chefbüro wollte

In der Geschäftswelt spielen Titel und Statussymbole eine entscheidende Rolle. Fragen Sie sich selbst:

- Warum sitzen Chefs beim Meeting meist am Kopfende des Tisches?
- Warum residiert der Abteilungsleiter in einem größeren Büro als seine Mitarbeiter?
- Warum reisen gehobene Angestellte fast immer erster Klasse?
- Warum lassen Direktoren ihre Termine vom Sekretariat vereinbaren?
- Warum macht die Vertriebschefin ihre Notizen nicht mit einem Werbekugelschreiber, sondern mit einem »Montblanc«?
- Warum muss jeder Gast eines gehobenen Managers ein Vorzimmer durchqueren, ehe er ins Himmelreich des Chefbüros vorgelassen wird?

Ebenso können Sie fragen: Warum sind beim Militär die Schulterklappen der Offiziere breiter als die der Unteroffiziere? Es geht darum, den eigenen Rang nach außen zu dokumentieren. Wer das falsche Abzeichen trägt, wird falsch eingeschätzt. So ist das auch im Business.

Dennoch höre ich von netten Klienten oft: »Ich muss in der Bahn nicht erster Klasse fahren, nur weil ich das jetzt darf.« Oder: »Ich brauche keine Sekretärin, ich kann meinen Schriftkram selbst erledigen.« Wenn dieses Verhalten in einem Unternehmen üblich ist, etwa bei einem Start-up oder einem unprätentiösen Mittelständler: nur zu! Aber wenn traditionelle Spielregeln gelten, zum Beispiel in einem Konzern, steht man als Nett-Bescheidener schnell im Abseits.

Was signalisieren Sie zum Beispiel, wenn Sie sich bei einer Dienstreise von Ihren Kollegen am Bahnsteig verabschieden müssen, weil die erster Klasse reisen, Sie aber nur zweiter? Sie kämen als Arbeitskraft zweiter Klasse rüber! Oder: Was signalisieren Sie, wenn Ihre Kollegin sich die Akten von ihrem Assistenten raussuchen lässt – Sie aber zur gleichen Zeit als Akten-Wühlmaus selbst aktiv werden? Im schlimmsten Fall bittet sie Sie: »Wenn du schon dabei bist – kannst du für mich vielleicht noch Folgendes raussuchen ...?«

Ich gebe es zu: Die Status-Spielregeln sind irrational und nicht gerade sympathisch – sie riechen nach Machtgehabe und Profilierungssucht. Aber wer als netter Mensch darauf verzichtet, zahlt einen hohen Preis und macht sich das Leben schwer.

So ging es meiner Klientin Anne Häuser (38), frisch ernannte Abteilungsleiterin in einem süddeutschen Autokonzern: Aus Bescheidenheit verzichtete sie nach ihrer Beförderung auf ein Einzelbüro und blieb bei ihren alten Kollegen im Großraum sitzen. Die Büros ihrer Abteilungsleiter-Kollegen lagen auf einer anderen Etage direkt nebeneinander, deshalb war sie vom informellen Informationsfluss abgeschnitten. Die Kollegen hatten sie kaum auf dem Schirm, öfter mal wurde sie »versehentlich« zu einer Führungsrunde nicht eingeladen. Und auch ihre Mitarbeiter gaben sich bockig. Manchmal wurden knifflige Aufgaben zu ihr zurückdelegiert: »Mach es bitte selber!«

Die Schwierigkeiten hatten eine einzige Ursache: Anne Häuser war zur Offizierin befördert worden (Schulterklappe: Einzelbüro), lief aber nach wie vor als Unteroffizierin durch die Firma (Schulterklappe: Großraumbüro). Deshalb wurde sie, vielleicht unbewusst, in der neuen Führungsrolle nicht akzeptiert, von ihren Chefkollegen ebenso wenig wie von ihren Mitarbeitern.

Erst nach langen inneren Kämpfen – sie wollte ihren Mitarbeitern nicht den Eindruck vermitteln, etwas Besseres zu sein – rang sie sich dazu durch, das Großraumbüro zu verlassen. Schon nach kurzer Zeit im Einzelbüro verbesserte sich ihre Situation entscheidend: »Es ist, als hätte jemand einen Schalter umgelegt. Plötzlich werde ich von allen als Abteilungsleiterin wahrgenommen.« Sie grübelte und fügte hinzu: »Vielleicht liegt das auch an meinem Auftreten. Mein Einzelbüro erinnert mich jeden Morgen daran, dass ich jetzt Chefin bin. Deshalb traue ich mich, anderen etwas fordernder und selbstbewusster zu begegnen.«

Das ist besonders interessant: Wenn sich nette Menschen jene Titel und Statussymbole erlauben, die ihnen zustehen, beeinflusst das ihr Auftreten. Gut möglich, dass Adrian Horvat als »Key Account Manager« selbstbewusster in seine Kundengespräche geht, als es ihm vorher als »Betreuer« gelang.

Sieben Situationen, in denen Sie nicht nett sein dürfen

Es sind nur wenige Augenblicke, die im Laufe einer Woche darüber entscheiden, wie ernst Sie im Job genommen werden – Augenblicke, in denen Sie Ihre Nettigkeit kontrollieren und anderen Grenzen setzen sollten. Solche Momente wiederholen sich, Sie können sich von langer Hand darauf vorbereiten.

Fragen Sie sich: In welchen Situationen finde ich mich zu nett? Wann gebe ich nach und bereue es später? Wann komme ich mit meiner Leistung nicht so zur Geltung, wie ich es verdient hätte? Machen Sie sich gern Notizen, was Ihnen dazu einfällt.

Im Folgenden stelle ich Ihnen sieben Beispiele aus der Praxis vor und biete Lösungen an – vieles davon sollte sich auf Sie übertragen lassen:

Situation 1: Angriff im Meeting

Mein Klient Rolf Kargus (32), Informatiker und eine Seele von einem Menschen, wird in einer Teamsitzung von einem Kollegen angegangen: »Wenn alle so lange wie du für ihre Konzepte brauchen, sind wir in 100 Jahren noch nicht fertig.« Der Angriff kommt für ihn völlig überraschend und scheint ihm inhaltlich verfehlt – die Konzepte der anderen waren oberflächlicher, er hat sich die nötige Zeit genommen. Doch Kargus schafft es nicht, sich zu verteidigen. »Ich hab da so eine Art Beißhemmung«, sagte er zu mir. »Ich kann niemanden öffentlich angehen. Außerdem ist mir keine gute Antwort eingefallen. Oder hätte ich auf dasselbe Niveau sinken sollen?«

Stellen Sie sich vor, Sie wären in seiner Situation. Welche der drei folgenden Reaktionen hielten Sie für die beste (danach bekommen Sie eine Erläuterung von mir):

- »Ich verstehe natürlich, dass du verärgert bist. Dennoch fände ich es schön, wenn du einen freundlichen Ton anschlagen könntest. Ich tu das dir gegenüber doch auch.«
- »Du ärgerst dich darüber, dass ich für mein Konzept zwei Tage länger gebraucht habe als du. Diese Zeit habe ich benötigt, um gründlich zu arbeiten. Ich spüre, dass mich deine Äußerung wurmt, zumal der Verweis aufs nächste Jahrhundert stark übertrieben ist. Gern kann ich erläutern, warum es sich lohnt, mehr Zeit in die Konzepte zu investieren. Und ich erwarte von dir mehr Sachlichkeit in unserer Diskussion.«
- »Wenn du damit sagen willst, dass ich gründlich arbeite und Fehler vermeide, liegst du genau richtig. Und dieselbe Arbeitsweise erwarte ich auch von allen anderen im Team.«

Welche Antwort finden Sie die beste?

Meine Einschätzung: Die erste Antwort finde ich zu windelweich. Wenn ein anderer Sie unsachlich angreift, sollten Sie kein Verständnis für seinen Ärger einräumen – sonst gießen Sie Öl ins Feuer. Und die Konjunktive (»fände«, »könntest«) drücken Unsicherheit aus.

Bei der zweiten Reaktion schildern Sie neutral Ihre Beobachtung (»Du ärgerst dich«), sprechen über Ihr Gefühl (»Ich spüre, dass mich deine Äußerung wurmt«), benennen Ihr Bedürfnis (»Diese Zeit habe ich benötigt«) und leiten daraus eine Forderung ab (»Ich erwarte von dir mehr Sachlichkeit«). Dass Sie zu sich selber stehen und mit offenen Karten spielen, macht Ihre Argumentation schlagkräftig.

Die dritte Antwort setzt die Aikido-Technik ein: Sie deuten den Angriff positiv um, leiten aus dem Vorwurf »Du bist langsam« das Kompliment »Ich bin gründlich« ab. Eine solche Reaktion irritiert den Angreifer; offenbar lassen Sie sich nicht ins Bockshorn jagen. Zugleich vermitteln Sie indirekt die Botschaft, dass Sie auf diesem Niveau nicht diskutieren wollen. Das sorgt dafür, dass der Punkt an Sie geht.

Übung: In welchen Situationen wollen Sie auf rhetorische Angriffe anders als bislang reagieren? Bitte wählen Sie eines der obigen Antwort-Muster aus, um es auf eine wiederkehrende Situation zu übertragen. Malen Sie sich genau aus, was Sie sagen werden. Und probieren Sie es bei nächster Gelegenheit am Arbeitsplatz aus. Achten Sie auf die Wirkung: Inwieweit gewinnt der Angreifer mehr Respekt vor Ihnen?

Situation 2: Arbeitsesel der Kollegin

Die Zahnmedizinische Fachangestellte Leyla Zaidan (55) schmeißt mit ihrer jungen Kollegin Luisa die Praxis ihres Chefs. Allerdings fällt ihr auf, dass Luisa schwierige Vorgänge immer wieder auf ihren Tisch schiebt und sagt: »Das kriegst du mit deiner Erfahrung besser hin« oder »Ich bin damit überfordert«. Gewissenhaft nimmt sich Zaidan dieser Aufgaben an. Doch in letzter Zeit fühlt sie sich durch die zunehmende Arbeitsmenge überlastet. Und obwohl sie der Kollegin eigentlich gern hilft, verspürt sie »einen leichten Groll« über deren Verhalten.

Stellen Sie sich vor, Sie wären in einer vergleichbaren Situation. Welche der folgenden drei Reaktionen erschiene Ihnen am klügsten? Bitte entscheiden Sie sich für eine:

- Ich sage zu der Kollegin: »Das ist schön, dass du meine Erfahrung schätzt. Nur sind wir hier ein Team auf Augenhöhe. Alles, was ich kann, musst auch du können. Und du lernst das nicht, indem du es auf meinen Tisch schiebst – sondern indem du es selber tust. Zumal ich mit meiner anderen Arbeit schon mehr als genug eingespannt bin.«
- Ich reagiere einfach nicht, wenn sie mich wegen solcher Vorgänge anspricht. Sollte dennoch etwas auf meinem Tisch landen, schiebe ich es wortlos zu ihr rüber. Ich bin sicher, sie wird meine Botschaft verstehen.
- Ich nehme ihr jede Woche eine Aufgabe weniger ab. Dann fühlt sie sich von der neuen Verantwortung nicht überfordert. Und ich schaffe es auf elegante Weise, dass sie selbständiger wird und mich dadurch entlastet.

Für welche Reaktion haben Sie sich entschieden?

Meine Einschätzung: Der zweite Vorschlag, dass Sie einfach nicht reagieren und die Arbeit stillschweigend auf den Tisch der Kollegin zurückschieben, lässt Sie schwach erscheinen – als hätten Sie nicht den Mumm, das Thema anzusprechen. Solche Psychospielchen schaden allen Beteiligten.

Der dritte Vorschlag, dass Sie Ihrer Kollegin in ganz langsamen Schritten weitere Aufgaben überantworten, scheint mir allzu empathisch. Das wäre zwar großzügig ihr gegenüber – aber wenn Sie jetzt schon frustriert und überlastet sind, brauchen Sie eine schnelle und klare Lösung, die Ihre Interessen in den Mittelpunkt stellt.

Am besten gefällt mir die erste Lösung. Hier verbinden Sie eine empathische Grundhaltung (»Du lernst es nicht, indem du es auf meinen Tisch schiebst«) mit der klaren Ich-Botschaft, dass Sie »durch andere Arbeiten schon mehr als genug eingespannt« sind. Eine solche Reaktion verändert die Situation rasch und wird Ihre Autorität in den Augen der Kollegin wachsen lassen.

Übung: Bitte überlegen Sie, in welchen Situationen Sie von anderen übermäßig eingespannt oder von Ihrer Führungskraft überfordert werden. Entwerfen Sie ein Mini-Drehbuch, wie Sie künftig eine klare Grenze setzen. Spielen Sie dieses Verhalten mehrfach laut durch, damit es Ihnen in der realen Situation leichterfällt.

Situation 3: Mehr Gehalt – aber wie?

Die kaufmännische Mitarbeiterin Emilia Steinke (45) beklagt sich in der Beratung, dass ihr Gehalt seit vier Jahren auf der Stelle tritt – obwohl die Zahl ihrer Aufgaben gewachsen ist und sie Wichtiges für die Firma leistet. Bislang hat sie die Initiative bei ihrem Vorgesetzten gesehen. Doch nun nimmt sie sich vor, ihren Chef auf eine Gehaltserhöhung anzusprechen.

Stellen Sie sich vor, es ginge um Ihr Gehalt. Mit welchen Worten würden Sie das Gespräch mit Ihrer Führungskraft suchen?

- »Ich möchte Sie fragen, ob wir vielleicht mal eine Gehaltsverhandlung außer der Reihe führen können. Denn seit vier Jahren hat sich mein Gehalt ja nicht mehr so richtig von der Stelle bewegt.«
- »Ich möchte mit Ihnen über meine Perspektiven in der Firma sprechen, auch in finanzieller Hinsicht. Ich habe in den letzten Jahren meine Leistung ausgebaut und mehr Verantwortung übernommen. Gern werde ich Ihnen Beispiele geben und aufzeigen, was ich in Zukunft noch alles für Sie bewirken kann. Jetzt sehe ich die Firma am Zug, meine Vorleistung durch eine angemessene Gehaltsanpassung zu erwidern.«
- »Ich weiß, dass die Etatlage nicht die beste ist. Und dennoch möchte ich mich mit Ihnen über meine Vergütung unterhalten, denn meine Leistung in den letzten Jahren war nicht gerade schlecht. Ich bin der Meinung, dass sich mein Gehalt langsam mal vom Fleck bewegen muss.«

Mit welcher Argumentation würden Sie sich den größten Respekt und die besten Gehaltsaussichten verschaffen?

Meine Einschätzung: Die erste und die dritte Variante leiden unter demselben Mangel: Sie treten nicht als Verhandlungspartner auf Augenhöhe in den Ring, sondern als Bittsteller. Wenn Sie »vielleicht mal« eine Gehaltsverhandlung »außer der Reihe« führen wollen, klingt das hasenfüßig. Diese sprachlichen Weichmacher sabotieren Ihr Anliegen. Und die dritte Argumentation ist allzu empathisch: Sie stellen die schlechte Etatlage in den Mittelpunkt, als müssten Sie sich für Ihre Forderung entschuldigen. Zugleich schimmert Ihre Unsicherheit durch Negationen durch, indem Sie Ihre gute Leistung als »nicht gerade schlecht« bezeichnen oder sagen, Ihr Gehalt habe sich »ja nicht mehr so richtig von der Stelle bewegt«. Negative Formulierungen schwächen Sie.

Dagegen wirkt die zweite Argumentation selbstbewusst. Hier betten Sie die Verhandlung in einen größeren Kontext ein: Ihre Zukunft in der Firma. Sie wirken entschlossen, weil Sie eine klare Forderung stellen und ankündigen, Ihre Leistung durch Beispiele zu untermauern. Auf dieser Basis stehen die Chancen gut, dass Sie eine nennenswerte Gehaltserhöhung durchsetzen.

Übung: Wann haben Sie Ihr Gehalt zuletzt verhandelt? Falls es schon lange her ist: Wandeln Sie die zweite Argumentation so ab, dass sie zu Ihnen passt. Üben Sie das Gehaltsgespräch im Rollenspiel mit einem Freund. Und dann: Packen Sie den Stier bei den Hörnern – gehen Sie auf Ihre Führungskraft zu.

Situation 4: Das Zögern beim Traumjob

Die Ingenieurin Elvira Schrunk (29) taucht in der Karriereberatung mit einer Stellenausschreibung auf, die sie elektrisiert: Für ein Auslieferungs-Zentrum ihres Konzerns wird eine neue Leiterin gesucht. Doch während sie davon schwärmt, wie gut die Stelle zu ihr passen würde, fällt sie sich immer wieder ins Wort: »Ich weiß ja, ich habe noch nicht die nötige Erfahrung. Ich bin zu jung für den Posten. Ich würde als größenwahnsinnig gelten und mich überheben.«

Im Gespräch kommen wir einem ihrer ältesten Glaubenssätze auf die Spur: »Lehn dich nicht zu weit aus dem Fenster!«, haben ihr die Eltern immer wieder gesagt, wenn sie als Kind ein Risiko eingehen wollte. Dieser Satz hält sie bis heute davon ab, ihr ganzes Potenzial auszuschöpfen.

Stellen Sie sich vor, Sie wären in derselben Situation: Welchen neuen Glaubenssatz hielten Sie für den besten, um die Fesseln der Vergangenheit zu sprengen?

1. Nur wer sich weit genug aus dem Fenster lehnt, bekommt einen Überblick – ich habe viel zu gewinnen, aber nichts zu verlieren, wenn ich die Bewerbung jetzt wage.
2. Wenn ich einen Versuchsballon steigen lassen kann, dann tu ich es – und die Bewerbung ist zunächst ja völlig unverbindlich.
3. Wenn ich spüre, dass mich eine Herausforderung reizt, verfüge ich auch über die Kraft, diese Herausforderung zu bewältigen – indem ich handele, kann ich diese Kraft aktivieren.

Welcher Glaubenssatz spricht Sie am meisten an?

Meine Einschätzung: Der zweite Glaubenssatz, mit dem Wort »Versuchsballon«, zeugt von Halbherzigkeit, er klingt wie: »Ich glaube nicht daran, aber versuche es dennoch.«

Der erste Glaubenssatz greift das vertraute Sprachbild mit dem Fenster auf, gibt ihm aber eine völlig neue Wendung: Plötzlich ist es kein Risiko mehr, sich weit aus dem Fenster zu lehnen, sondern eine Chance, weil Sie Überblick gewinnen. Das ist der Königsweg, wenn Sie Glaubenssätze erneuern: in der vertrauten Metapher zu bleiben, doch ihr einen neuen Sinn zu verleihen. So wird das Bild, das Bremser war, plötzlich zum Anschieber.

Der dritte Glaubenssatz kann ebenfalls sehr nützlich sein, denn in der Tat ziehen uns vor allem Herausforderungen an, für die wir das nötige Potenzial mitbringen. Oft weiß unsere Intuition das früher als der zweifelnde Verstand. Dieser Glaubenssatz sorgt für Mut und Tatkraft.

Übung: Denken Sie an ein Ziel, das Sie aus tiefstem Herzen erreichen wollen, sich aber bislang nicht zutrauen. Welcher Glaubenssatz hält Sie davon ab (siehe auch Seite 119)? Und wie können Sie ihn wenden oder neu formulieren, um es doch noch anzugehen? Tun Sie's!

Situation 5: Die freundliche Diffamierung

Die Erzieherin Josephine Ems (22) arbeitet in einer Kindertagesstätte und sieht für ihr Alter recht jung aus. Sie kommt mit den Kindern gut klar, macht ihren Job gewissenhaft und geht keiner Arbeit aus dem Weg. Nur von ihrer Chefin, der Kita-Leiterin, fühlt sie sich nicht respektiert. Denn die ruft sie nicht bei ihrem Vornamen, sondern nennt sie immer »Kleine«. Sie tut das freundlich, dennoch schmerzt es. Bislang hat sich Josephine Ems gescheut, ihre Gefühle anzusprechen. Wäre das nicht kleinkariert? Ihre Chefin meint es ja nicht wirklich böse.

Stellen Sie sich vor, Sie wären in dieser Situation. Welche der drei folgenden Verhaltensweisen hielten Sie für die beste?

- Ich spiegele das Verhalten der Chefin, indem ich sie nur noch als »Große« anspreche. Dann wird ihr schnell bewusst, wie unpassend ihre Anrede ist. Und die Chancen stehen gut, dass sie mich wieder bei meinem korrekten Namen anspricht – im Gegenzug nenne ich sie dann auch nicht mehr »Große«.
- Ich reagiere einfach nicht mehr, wenn sie »Kleine« ruft – als wäre

jemand anders gemeint. Und wenn sie mich dann mit meinem richtigen Namen anspricht, sage ich: »Genau so heiße ich. Und ich erwarte von dir, dass du diesen Namen verwendest. Denn ›Kleine‹ fühlt sich für mich wie eine Herabsetzung an.«

- Ich spreche sie direkt an: »Mir fällt auf, dass du mich ›Kleine‹ nennst. Bestimmt meinst du das nicht böse. Und ich will dich jetzt auch nicht dafür kritisieren. Ich fühle mich dadurch aber verniedlicht und nicht ganz ernst genommen. Deshalb bitte ich dich, künftig meinen richtigen Namen zu verwenden.«

Welche dieser Möglichkeiten scheint Ihnen die beste? Bitte entscheiden Sie sich für eine.

Meine Einschätzung: Die ersten beiden Varianten gefallen mir, weil Sie durch ihr klares Handeln ein Zeichen setzen – wobei ich vorschlage, nicht nur Taten, sondern auch erläuternde Worte sprechen zu lassen (wie in der zweiten Variante). Dann bekennen Sie Farbe, das Stoppschild ist klarer gesetzt, und Ihre Chefin weiß, woran sie ist.

Die dritte Variante spricht den Vorgang direkt an, eigentlich eine gute Idee. Nur wird die Botschaft hier durch zwei entschuldigende Sätze verwässert: »Bestimmt meinst du das nicht böse. Und ich will dich jetzt auch nicht dafür kritisieren.« Dadurch entsteht eine ungünstige Doppelbotschaft: »Ich kritisiere dich zwar, bin aber nicht sicher, ob ich das überhaupt darf.« Diese Weichmacher weglassen – dann kommt die Botschaft wirksamer an.

Übung: In welchen Situationen wird Ihnen der nötige Respekt verweigert? Bitte überlegen Sie sich eine klare Botschaft, dass Sie dieses Verhalten nicht mehr dulden. Und setzen Sie dieses Stoppschild bei nächster Gelegenheit.

Situation 6: Der Dieb im Team

Laurenz Holzer (49) arbeitet als Designer für einen Fachverlag. Zusammen mit drei Kollegen bekommt er den Auftrag, ein neues Stillayout für ein Handbuch zu entwickeln. Seine Ideen kommen bei den Teamkollegen gut an und prägen den Gruppenvorschlag, der dem Redaktionsleiter schließlich unterbreitet wird. Allerdings führt eine forsche Kollegin das Wort und betont immer wieder, was sie zu der Idee beigetragen hat. Laurenz Holzers großer Anteil bleibt unerwähnt.

Stellen Sie sich vor, Sie wären in dieser Situation. Wie würden Sie während der Präsentation vor dem Chef reagieren?

- Gar nicht! Eine öffentliche Präsentation ist nicht der richtige Rahmen, um Kritik zu äußern – schließlich möchte ich die Kollegin, die für uns alle spricht, nicht bloßstellen. Deshalb werde ich ihr unter vier Augen sagen, dass sie meinen Anteil mehr hätte betonen können.
- Ich trete einen Schritt nach vorne, schalte mich in die Präsentation ein und spreche darüber, was ich zu dem Projekt beigetragen habe. Gleichzeitig erwähne ich die Anteile der Kollegen.
- Ich sage zu der Kollegin: »Gerade hast du deinen Anteil am Projekt beschrieben. Bitte führe jetzt auch aus, was ich und die Kollegen geleistet haben. Oder sollen wir das tun?«

Welche Variante finden Sie am stimmigsten?

Meine Einschätzung: Viele nette Menschen neigen zur ersten Möglichkeit, weil sie den Konflikt nicht öffentlich austragen möchten. Das bedeutet aber: Der falsche Eindruck, dass die Kollegin das Projekt fast im Alleingang gestemmt hat, bleibt im Kopf des Chefs hängen. Deshalb halte ich ein Eingreifen *in* der Situation für nötig.

Die zweite Variante, selbst das Wort zu ergreifen, erfordert Mut und Selbstvertrauen, ist aber sehr wirksam. Oft, wenn ein dreister Mensch zu viel Raum einnimmt, heißt das: Ein Nett-Bescheidener beansprucht zu wenig Raum. Durch einen Schritt nach vorne können Sie dieses Präsenz-Vakuum schließen.

Die dritte Variante ist ein Zwischenweg: Sie bitten die Kollegin, auch Ihren Anteil und den der anderen zu erwähnen. Ein solcher Einwurf erfordert Mut und Selbstsicherheit. Und falls die Kollegin sich nicht ausreichend »erinnert«, steht es Ihnen frei, das Wort selbst zu ergreifen.

Übung: Denken Sie an eine Situation, in der Sie sich von anderen die Schau stehlen lassen. Bitte überlegen Sie, wie es Ihnen künftig gelingen kann, die eigene Leistung sichtbarer zu machen und genug Raum für sich einzunehmen. Setzen Sie diesen Plan in der Praxis um.

Situation 7: Der brüllende Chef

Der Kraftfahrer Reno Ott (42) erzählt in der Beratung: »Für meinen Chef bin ich der Prügelknabe des Teams. Schon mehrfach hat er mich vor der versammelten Runde in Grund und Boden geschrien. Ich habe nichts falsch gemacht, er lässt seine schlechte Laune an mir aus. Und die Kollegen machen ihm das allmählich nach.« Mir fällt auf, dass Ott beim Sprechen kaum Blickkontakt sucht und auch sonst zurückhaltend wirkt. Kann es sein, dass ihn diese Unsicherheit zum Blitzableiter seines Chefs prädestiniert?

Stellen Sie sich vor, Sie wären in seiner Lage. Wie würden Sie sich gegenüber dem Chef verhalten?

1. Ich würde sofort zurückbrüllen – so laut und aggressiv wie er. Dadurch zeige ich meinem Chef, dass ich mir dieses Verhalten nicht länger gefallen lasse.
2. Ich würde ihn durch Freundlichkeit entwaffnen, indem ich sage: »Können wir uns vielleicht auf eine etwas geringere Lautstärke einigen? Und ein zivilisierterer Umgang wäre auch nicht schlecht.«
3. Ich sage ihm, dass ich mir diesen Ton verbitte. Und dass ich, wenn er ihn nicht sofort ändert, den Raum verlasse. Später, wenn er sich beruhigt hat, suche ich ein Vier-Augen-Gespräch und erkläre ihm, dass mich sein Brüllen verletzt – und dass ich einen zivilisierteren Umgang erwarte.

Für welche Möglichkeit haben Sie sich entschieden?

Meine Einschätzung: Die erste Variante, das Zurückbrüllen, ist riskant – im Kampf mit einem geübten Brüllaffen zieht man als netter Mensch fast immer den Kürzeren. Die zweite Möglichkeit, die entwaffnende Freundlichkeit, kommt sehr zögernd daher (»Können wir uns vielleicht … einigen«). Damit wirken Sie schwach, wie ein bekennendes Opfer, und der starke Angreifer fühlt sich zu weiteren Schlägen eingeladen.

Die dritte Möglichkeit sehe ich als eine gelungene Abgrenzung: Sie halten bereits in der Situation das Stoppschild hoch, drohen eine Konsequenz an – und gehen danach, mutig und klar, in ein Vier-Augen-Gespräch.

Übung: Wann haben Sie das Gefühl, dass sich andere Ihnen gegenüber im Ton vergreifen? Bitte denken Sie sich eine Reaktion aus, mit der Sie den anderen in seine Grenzen weisen – und jenen Ton einfordern, den Sie für eine Zusammenarbeit brauchen. Probieren Sie dieses Verhalten beim nächsten Angriff gegen Sie aus.

Nettigkeits-ABC: Das rettet Sie!

Worauf sollten Sie als netter Mensch im Beruf achten? Dieses kleine Abgrenzungs- und Ermutigungs-Alphabet gibt Ihnen einen raschen Überblick:

Aushelfen: Immer mehr Arbeit prasselt heute auf immer weniger Köpfe nieder, sodass der Einzelne sein Pensum kaum mehr schafft. Nette helfen anderen gern aus. Doch in »Aushelfen« steckt: »Aushilfe«. Wenn Sie anderen dauernd unter die Arme greifen, ohne Gegenleistung, sinkt Ihr sozialer Status. Sie gelten als Mädchen für alles. Derweil bleibt Ihre eigene Arbeit liegen. Doch nur an ihr werden Sie gemessen.

Beförderung: Wer nett ist, gilt oft als wenig durchsetzungsfähig – das bremst Ihre Beförderungs-Chancen. Zeigen Sie auf, dass Sie in der Lage sind, sich durchzusetzen: »Gerade weil ich gut mit Menschen kann, gelingt es mir, andere für meinen Kurs zu gewinnen. Zugleich bin ich in der Lage, mich gegen Widerstände durchzusetzen und unangenehme Botschaften zu verkünden. Als Führungskraft muss ich nicht von allen gemocht, aber von allen respektiert werden.«

Chef-Aufträge: Arbeit fließt dorthin, wo sie klaglos erledigt wird. Aber welcher Eindruck entsteht, wenn Sie zu jeder Zeit jede Arbeit Ihres Chefs annehmen? Dass Sie mit Ihren anderen Aufgaben nicht ausgelastet sind. Nehmen Sie nicht alle Chef-Aufträge an. Weisen Sie öfter mal darauf hin, dass Sie bereits voll eingespannt sind. Dann halten Sie Ihr Arbeitspensum auf einem vernünftigen Niveau. Und Ihr Vorgesetzter nimmt Ihre Leistung bewusster wahr.

Delegieren: Ist es Ihnen unangenehm, Ihre Arbeitskollegen um Unterstützung zu bitten? Erledigen Sie kleine Aufgaben lieber selbst – auch wenn diese eigentlich in die Zuständigkeit eines anderen fallen? Das sollten Sie besser lassen. Es schadet Ihrer Karriere. Denn es kostet Zeit. Und es beschädigt Ihren Status. Wer Arbeit delegiert, gilt als Bestimmer – wer alles selber macht, nur als sein eigener Diener. Also nicht als Beförderungs-Kandidat.

Enttäuschen: Ist es ein schlechtes Zeichen, wenn Sie andere im Job enttäuschen? Nicht unbedingt. Oft werden Dinge von Ihnen erwartet, die Sie nicht leisten wollen oder können. Dann ist ein »Nein« Ihre Rettung. »Enttäuschung« heißt dann: Die Täuschung, dass Sie alles mit sich machen lassen, wurde aufgehoben – gut so!

Führungs-Fallen: Die drei größten Führungs-Fallen für nette Menschen: Sie schieben unangenehme Entscheidungen auf. Sie fordern und kritisieren zu diplomatisch. Und sie setzen zu spät Grenzen. Darum: Erledigen Sie Unangenehmes so rasch wie möglich, oft ist das sogar sozial. Zum Beispiel ist eine Entlassung in der Probezeit für beide Seiten besser, als jemanden nach einem Jahr vor die Tür zu setzen.

Gehalt: Gehälter werden oft nach Verhandlungsleistung vergeben. Nur wer fordert, wird gefördert. Darum ist es wichtig, dass Sie die Initiative ergreifen und in der Verhandlung für Ihre Interessen eintreten, klar und konsequent.

Höflichkeit: Es ist gut, wenn Sie den Knigge beherrschen. Doch *zu viel* Höflichkeit wird häufig als Unterwürfigkeit wahrgenommen. Wer sich für Nichtigkeiten mehrfach bedankt oder dreimal »bitte« sagt, wirkt schwach. Achten Sie darauf, dass Sie Ihre Höflichkeit mit Selbstsicherheit kombinieren.

Initiative: Nette Menschen übernehmen meist ungern die Initiative, weil es sich für sie aufdringlich anfühlt. Aber Initiative zeugt von Entschlossenheit. Erfolg im Beruf stellt sich ein, wenn Sie pro-aktiv handeln. Holen Sie sich, was Sie brauchen – statt nur zu reagieren oder auf Einladungen zu warten.

Ja-Sagen: Alle wollen etwas von Ihnen: der Chef, die Kollegen, die Kunden. Wenn Sie immer Ja sagen, unterschreiben Sie Ihr eigenes Burnout-Urteil. Achten Sie darauf, dass Sie *nie* automatisch Ja sagen, wenn Ihnen eine Aufgabe angetragen wird. Wägen Sie jedes Mal ab: Welche Entscheidung ist *für mich* die beste (und nicht nur für den anderen!)?

Kritik: Zieht Ihnen Kritik im Job den Boden unter den Füßen weg? Warum eigentlich? Es gibt zwei Arten von Kritik: berechtigte, aus ihr können Sie lernen – und unberechtigte, die können Sie zurückweisen. Tun Sie beides und denken Sie daran: Kritik sagt mehr über den Kritiker als über Sie aus. Nicht jeder muss gut finden, was Sie tun.

Lob: Je öfter Sie einen Menschen loben, desto weniger ist Ihr Lob wert. Loben Sie nur, wenn es jemand wirklich verdient hat, sonst entsteht eine Inflation. Und seien Sie vorsichtig, wenn Sie selbst gelobt werden, etwa durch Ihre Chefin. Manchmal soll Lob Sie manipulieren (siehe Seite 219).

Meinung: Fällt es Ihnen schwer, Ihre eigene Meinung zu sagen, weil andere sich auf den Schlips getreten fühlen könnten? Dann bedenken Sie, was in dem Wort »Meinung« steckt: »mein«. Eine Meinung kann nicht falsch sein, es ist Ihre Sicht. Stehen Sie zu sich und zu Ihrer Meinung – dann fällt es Ihnen leichter, andere zu überzeugen.

Nein-Sagen: Vielleicht haben Sie das Gefühl, sich durch ein Nein im Job unbeliebt zu machen. Dabei ist Nein ein Respekt-Bringer. Jedes Mal, wenn Sie etwas ablehnen, gewinnen Sie Profil. Jedes Mal definieren Sie Ihre Grenzen und Ihren Standpunkt. Gleichzeitig steigt der Wert Ihres Jas, weil es nicht mehr selbstverständlich ist. Je höher einer in der Hierarchie steht, desto öfter muss er Nein sagen. »Ja« ist eine Diener-Vokabel.

Opportunismus: Wer immer tut, was die anderen erwarten, ohne dabei auf seine eigenen Bedürfnisse zu achten, kann in den Opportunismus abrutschen. Dann verliert er seine Werte und wird zur Marionette. Ein solches Verhalten verwischt die eigene Identität. Darum ist die Frage so wichtig: Was will ich eigentlich selbst, was ist gut für mich?

Persönlichkeit: »Er ist eine Persönlichkeit!« Dieser Satz heißt im Business so viel wie: Er hat den Mut, etwas gegen den Strich zu bürsten und seinen eigenen Weg zu gehen. Die Herausforderung für nette Menschen besteht darin, ihre Persönlichkeit deutlich zu zeigen. Das erfordert den Mut, auch mal anzuecken, gegen den Strom zu schwimmen und sich aus der Deckung zu wagen.

Quälende Gedanken: Keine andere Überlegung treibt nette Mitarbeiter so sehr um: »Was denkt der Chef über mich? Und was die Kollegen?« Gegenfrage: »Wie denken Sie selbst über sich?« Es ist wichtig, dass Sie Ihren Selbstwert nicht aus dem Urteil anderer beziehen. Wenn Sie zu sich selber stehen, werden Sie unabhängiger. Selbstakzeptanz sorgt dafür, dass auch andere Sie respektieren.

Risiko: Im Coaching ermutige ich nette Menschen, mehr zu riskieren. Bewerben Sie sich auf ambitionierte Stellen. Werfen Sie Ihren Hut für Führungspositionen in den Ring. Und ziehen Sie hoch aufgehängte Projekte auf Ihren Tisch. An Risiken können Sie wachsen und Ihre Grenzen erweitern. Zugleich gewinnen Sie Ansehen.

Stress: Er entsteht durch Stressgedanken, wie etwa: »Wenn ich jetzt widerspreche, ist mein Chef sauer!« Unter Stress neigen nette Menschen zu Fluchtreaktionen. Statt einen Disput auszutragen, geben Sie nach. Das ist ein Fehler, der sich durch neue Glaubenssätze korrigieren lässt: »Ich bin es meinem Chef schuldig, ihm meine Meinung zu sagen. Es liegt dann an ihm, ob er sie bei seiner Entscheidung berücksichtigt oder nicht.«

Teamgeist: Oft wird der »Teamgeist« in den höchsten Tönen gepriesen – von denen, die als Vorgesetzte bereits über den Teams stehen. Wer als Netter darauf reinfällt und als graue Team-Maus unter Team-Mäusen agiert, an dem gehen Gehaltserhöhungen, Beförderungen und sonstige Anerkennungen zuverlässig vorbei. Heben Sie sich ab, machen Sie Ihren Anteil der Leistung deutlich, zeigen Sie Profil (siehe Seite 262)!

Überstunden: Mehrarbeit bleibt oft an den netten Kollegen hängen – während diejenigen, die mehr auf ihre eigenen Interessen achten, früh nach Hause gehen. Es spricht nichts dagegen, in schwierigen Situationen mal länger zu arbeiten. Nur darf diese Ausnahme nicht zur Regel werden. Hier hilft eine bessere Abgrenzung, zum Beispiel durch einen Selbstvertrag.[85]

Verletzlichkeit: Nette Menschen empfinden Zurückweisungen oft als verletzend. Wie wäre es, wenn Sie Zurückweisungen im Job anders interpretieren würden – als Zeichen, dass Sie den Mut hatten, an eine Grenze zu gehen? Auch sollten Sie ein Nein der Gegenseite immer als Einladung zur Verhandlung verstehen. Wenn Ihr Chef Nein zu Ihrem Gehaltswunsch sagt, heißt das übersetzt: »Nicht ohne Weiteres! Wer etwas rausholen will, braucht gute Argumente.«

Wechsel: Je mehr sich ein Mensch seinen Kollegen verbunden fühlt, wie bei Netten oft der Fall, desto seltener wechselt er den Arbeitgeber. Aus Karrieresicht ein großer Fehler. Denn beim Wechsel sind die größten Gehaltssprünge drin: 15 bis 25 Prozent. Und gleichzeitig lässt sich so oft eine neue Sprosse auf der Karriereleiter erklimmen. Machen Sie sich bewusst, dass Sie als sozial kompetenter Mensch auch im neuen Umfeld schnell Anschluss finden.

XY-Theorie: Sie stammt vom US-Psychologen Douglas McGregor. Theorie X besagt: Arbeit ist für Mitarbeiter unnatürlich, sie müssen gezwungen und kontrolliert werden. Theorie Y besagt: Mitarbeiter packen gern an, wenn man sie herausfordert und ihnen Verantwortung überträgt. Die Gefahr bei netten Menschen ist selten mangelnde Motivation (Theorie X), sondern dass sie sich nicht nur herausfordern lassen (Theorie Y), sondern überfordern.

Zusage: Wer als Bewerber eine Zusage für einen Job möchte, muss seinem künftigen Arbeitgeber auf Augenhöhe begegnen und darf keinesfalls wie ein Bittsteller wirken. Manchen netten Menschen hilft das Gedankenspiel, dass sie ihre Arbeitskraft wie ein nützliches Produkt anbieten, von dem die Firma profitiert. Diese innere Distanz beschert ihnen einen selbstbewussteren Auftritt.

Meine Nettigkeits-Prüfung

»Leihst du mir Geld fürs Essen?«

Die Situation:
Ich bin Mitte 20 und Redakteur. Mein Kollege Henry ist bekannt dafür, dass er sich bei allen möglichen Leuten Geld leiht. Jedes Mal sagt er, er habe sein Portemonnaie vergessen. Doch seine Gläubiger bekommen Probleme: Er zahlt nur zurück, wenn man ihn wochenlang bedrängt. Es ist jedes Mal peinlich. Dreimal ist mir das schon passiert.

Nun, bei einer Dienstreise, spricht Henry mich im Lokal an: »Martin, ich hab kein Geld dabei. Kannst du mir fürs Mittagessen was auslegen?«

Ich will ihn nicht hungern lassen, aber auch nicht in die alte Falle tappen. Was tun?

Übung: Wie hätten Sie an meiner Stelle reagiert?

____

____

____

Meine Reaktion: Ich antworte ihm: »Die letzten Male habe ich es bereut, dass ich dir Geld geliehen habe. Jedes Mal musste ich dir hinterherlaufen. Versprichst du mir, dass du deine Schulden diesmal direkt und unaufgefordert zurückzahlst?« Er entschuldigt sich wortreich und willigt ein. Ergebnis: Er begleicht seine Schulden wieder nicht freiwillig, ich muss mein Geld eintreiben. Und bin sauer auf mich selbst.

Bewertung aus heutiger Sicht: Ich verhalte mich inkonsequent. Einerseits rüge ich ihn für sein Zahlungsverhalten. Und andererseits bekommt er doch eine Belohnung dafür: eine erneute Leihgabe. Weil ich mich genauso verhalte wie immer – ihm erneut Geld leihe –, verhält auch er sich wie immer und zahlt es nicht zurück. Ich hätte zu ihm sagen sollen: »Henry, ich habe dir schon dreimal Geld geliehen. Jedes Mal musste ich kämpfen, um es zurückzubekommen, und habe mich dabei schlecht gefühlt. Darum leihe ich dir nichts mehr.«

Kommentar: Diese Variante macht Henry klar, dass sein bewährtes Verhaltensmuster bei mir nicht mehr funktioniert. Die Aussage ist so eindeutig, dass sie keinen Raum fürs Nachbohren lässt.

Die Nettigkeits-Falle: Nette Menschen wollen niemanden leiden lassen. Die Vorstellung, dass ich esse und er Hunger schiebt, war für mich unerträglich. Ich hätte mir bewusst machen sollen: Für ihn ist es ja auch kein Problem, *mich* leiden zu sehen, wenn er mir die Rückzahlung verweigert. Nur durch diese radikale Veränderung meines Verhaltens hätte die Chance bestanden, dass er sein Verhalten ebenfalls radikal verändert.

Meine Lehre: Wenn du Nein sagst, denk zuerst an die positiven Konsequenzen für dich – und nicht an die (vermeintlich) negativen Konsequenzen für den anderen.

9 Mut zum Ich: So werden Sie stark, ohne sich zu verstellen

In diesem Kapitel erfahren Sie …

- wie Sie wachsen können, wenn Sie Ihr Leben wie ein Fußballfeld betrachten,
- wie ein Misserfolg, zu dem er steht, einem jungen Mann das schönste Geschenk der Welt einbringt,
- wie Sie Ihr eigenes Leben (er)finden und die falschen Menschen loswerden und
- wie Sie es schaffen, nett zu bleiben, ohne dass die Hunde Sie jemals wieder beißen.

Das heimliche Spielfeld Ihres Lebens

Wird es Ihnen künftig gelingen, selbstbewusster aufzutreten und Ihre Nettigkeit zu steuern, statt von ihr gesteuert zu werden? Ich bin da guter Dinge – sofern Sie bereit sind, Ihre Komfortzone zu verlassen. Stellen Sie sich Ihr Leben wie ein Fußballfeld vor: Die meiste Zeit bewegen Sie sich in Ihrer eigenen Hälfte. Hier kennen Sie jeden Grashalm und fühlen sich sicher. Ausflüge in die andere Hälfte unternehmen Sie nur selten: Sie wollen Ihre Abwehr nicht öffnen, kein Gegentor riskieren.

Zum Beispiel ziehen Sie es vor, Forderungen Ihrer Mitmenschen klaglos zu erfüllen, auch wenn Sie keine Lust dazu haben. Sie verkneifen sich das Nein-Sagen und stellen Ihre eigenen Wünsche zurück. Sie gehen Konflikten aus dem Weg und agieren defensiv – als würde sich eine Fußballmannschaft vorm eigenen Tor versammeln, um die Bälle des Gegners wegzuschlagen. Dieses Verhalten passiert automatisch, Sie sind geübt darin.

Doch es ist wie beim Fußball: Wenn ein Team zu tief steht, wird es im eigenen Strafraum eingeschnürt und kassiert Tore – nicht trotz, sondern *wegen* des eigenen Defensivspiels.

Wenn Sie in Ihrer Komfortzone bleiben, *automatisch* nett und bescheiden agieren, laden Sie Ihre Mitmenschen zu Angriffen ein. Dann bekommen Sie fremde Arbeiten auf Ihren Schreibtisch gepackt, werden von anderen eingespannt und führen ein Leben, dessen Regie in fremden Händen liegt. Mit jedem Schritt, den Sie zurückgehen, dringen die anderen tiefer in Ihre Hälfte vor.

Wenn Sie Ihr Lebensspiel gewinnen wollen, heißt das: raus

aus Ihrer Komfortzone – rein ins neue Verhalten. Jeder Entwicklungsschritt erfordert von Ihnen den Mut zum Risiko:

- Den Traumjob bekommen Sie nicht, wenn Sie sich an Ihrer alten Position festhalten – sondern wenn Sie nach vorne preschen und sich überzeugend bewerben.
- Den Traumpartner bekommen Sie nicht, wenn Sie sich in Ihrem Single-Leben einrichten – sondern wenn Sie sich einem anderen Menschen öffnen.
- Die Anerkennung für Ihre Leistung bekommen Sie nicht, wenn Sie diese kleinreden – sondern wenn Sie sie selbstbewusst präsentieren.
- Und niemand wird vor Ihnen den Hut ziehen, solange Sie sich für fremde Wünsche verbiegen – wohl aber, wenn Sie einstehen für Ihre Überzeugungen.

Wir wachsen nur *außerhalb* unserer Komfortzone. Bitte rufen Sie sich Momente ins Gedächtnis, in denen Sie über den Schatten Ihrer Nettigkeit gesprungen und daran gewachsen sind. Die folgenden Fragen helfen Ihnen dabei:

- Wann ist es Ihnen gelungen, Nein zu sagen, obwohl es Ihnen schwerfiel? Rufen Sie sich die Situation so genau wie möglich ins Gedächtnis. Was hat es mit Ihrem Selbstvertrauen gemacht, dass Sie sich das getraut haben?
- Wann haben Sie es geschafft, ein kritisches Thema anzusprechen, um das Sie eigentlich einen Bogen machen wollten? Erinnern Sie sich genau an die Szene. Wie hat es sich angefühlt, dass Sie sich überwunden und Ihre Kritik direkt vorgebracht haben?

- Wann haben Sie sich entschieden, etwas für Sie Wichtiges zu tun, obwohl Sie wussten, dass es nicht allen gefallen wird? Spielen Sie die Situation in Ihrem Kopf wie einen Kinofilm ab. Wenn sich Selbstbewusstsein in Körpergröße ausdrücken könnte: Wie groß waren Sie davor (als Sie noch zögerten)? Und wie groß danach (als Sie gehandelt hatten)?
- Wann haben Sie sich beschwert, obwohl es Ihnen schwerfiel? Lassen Sie die Szene vor Ihrem inneren Auge noch einmal passieren. Und welche Auswirkung hatte dieser mutige Schritt auf Ihr Selbstvertrauen?
- Wann haben Sie auf eine eigene Leistung hingewiesen, obwohl Sie eigentlich zurückhaltend sind? Gehen Sie die Situation in Gedanken durch. Wie hat es sich angefühlt, dass Sie sich selbst wichtig genommen und es ausgesprochen haben?

Wenn Sie an solche Erfolge zurückdenken, macht Ihnen das Mut für künftige Veränderungen. Erinnern Sie sich, was Sie motiviert hat, diese Risiken einzugehen. Erinnern Sie sich, wie groß und stark es Sie gemacht hat, sich zu überwinden. Und erinnern Sie sich, wie Sie dadurch gewachsen sind, persönlich *und* im Ansehen anderer Menschen.

Meinem Klient Martin Lehmann fiel bei dieser Übung ein, wie er das erste Mal Nein gesagt hat zu einem Freund, der ihn gelegentlich überforderte: »Ich habe es mir ganz, ganz schlimm vorgestellt. Dass er aus allen Wolken fällt, sauer auf mich ist und Theater macht. Dann war ich baff, dass er mein Nein einfach akzeptiert hat. Als wäre es die normalste Sache der Welt. Da wurde mir klar: Es war für mich viel schwerer, das Nein auszusprechen, als es für ihn war, es anzunehmen. Ich hatte sogar das

Gefühl, dass er innerlich den Hut vor mir gezogen hat, so nach dem Motto: ›Er hat mehr Mumm in den Knochen, als ich bislang geglaubt habe.‹ An dieses Erlebnis denke ich jetzt immer, wenn ich Mut brauche, um mich durchzusetzen.«

Der König und die Blumensamen

In einem fernen Land lebte vor vielen, vielen Jahren ein mächtiger König. Sein Reich war groß wie ein Ozean, und schön wie die aufgehende Sonne war seine Tochter. Eines Tages sprach der König zu seinem Volk: »Ich will meine Tochter verheiraten – und zwar mit jenem jungen Mann, der sie am meisten aufblühen lässt. Und um das herauszufinden, lade ich alle Jünglinge des Landes in meinen Palast ein. Jeder wird einen Blumensamen bekommen, kann ihn über den Winter in einem Topf großziehen – und mir dann im Frühjahr das Ergebnis vorzeigen.«

Lang schon hatten die jungen Männer von der bildhübschen Prinzessin geschwärmt. Nun strömten sie scharenweise in den Palast. Jeder bekam einen Blumensamen und einen kleinen Topf mit Erde. Unter den Männern befand sich Yusuf, ein klein gewachsener Jüngling, der es sonst nie gewagt hätte, um die Prinzessin zu werben. Er hoffte von ganzem Herzen, dass in seinem Topf die schönste Pflanze wüchse. Jeden Tag, den ganzen Winter lang, goss er die Erde mehrfach, düngte sie und redete dem Samen gut zu. Doch als das Frühjahr gekommen war, stand er beschämt vor einem leeren Topf: Nichts war gewachsen, nicht mal ein Grashalm. Alles, was er im Palast als »Ergebnis vorzeigen« konnte, wie vom König gewünscht, war ein Topf mit Erde.

Da schlich sich eine Idee in seinen Kopf: Was, wenn er die schönste Pflanze des Feldes ausbuddeln und in seinen Topf setzen würde? Dieser kleine Betrug würde verhindern, dass man ihn auslachte. Vielleicht würde er ihm sogar die Königstochter sichern. Die Versuchung war groß. Doch Yusuf rang sich durch, ehrlich zu seiner Niederlage zu stehen.

Und als der Tag der Präsentation gekommen war, stellte er sich im Palast in einer langen Reihe ganz hinten an. Alle jungen Männer vor ihm hielten Blumentöpfe in die Höhe, aus denen sich die buntesten Pflanzen erhoben, es war das reinste botanische Feuerwerk. Umso schlechter fühlte sich Yusuf mit seinem leeren Topf. Einige der Jünglinge deuteten auf ihn, tuschelten und kicherten hämisch.

Er musste mit ansehen, wie ein Konkurrent nach dem anderen vor den König trat und stolz seine Aufzucht präsentierte. Der König blickte nur kurz auf die Töpfe, nickte vielsagend und schickte die Männer weg. Er wirkte schlecht gelaunt. Was würde er dann erst zu Yusufs leerem Topf sagen?

Zitternd und als Letzter trat Yusuf vor den König. Der sah den leeren Topf, und zum ersten Mal an diesem Tag lächelte er. Er stand auf, blickte Yusuf feierlich an und sagte: »Du bist der Richtige – du sollst meine Tochter bekommen.«

Yusuf konnte es kaum glauben, doch das Märchen wurde wahr: Er heiratete die Prinzessin, zog in den Palast ein, und die beiden bekamen Kinder. Zugleich wurde er der engste Vertraute des Königs.

Eines Tages fragte Yusuf endlich, was ihm all die Jahre auf der Seele gebrannt hatte: »Sag, König, warum hast du deine Tochter damals ausgerechnet mir geschenkt?«

»Aber das weißt du doch: weil du meine Tochter am besten blühen lässt.«

»In meinem Topf war doch gar keine Pflanze gewachsen.«

Der König sah ihn an, und ein winziges Lächeln umspielte seine Augenwinkel. »Das war auch unmöglich. Ich habe alle Pflanzensamen gekocht, ehe ich sie verteilt habe. Ehrlichkeit ist die schönste Pflanze der Welt. Du hast sie mir gebracht. Wer zu sich selber steht, blüht auf und lässt andere blühen. Deshalb hast du meine Tochter bekommen.«

Die anderen jungen Männer waren in ihrer Komfortzone geblieben. Sie hatten die unehrliche Lösung vorgezogen, nur um dem König zu gefallen. Doch Yusuf hatte den Mut bewiesen, sich treu zu bleiben. Dafür hatte ihn das Leben reich belohnt.

Merken Sie sich diese Legende, präsentieren Sie nie mehr falsche Blumen: kein falsches Lächeln, keine falsche Zustimmung, keine falsche Bescheidenheit, keine falsche Höflichkeit und keine falsche Zusage – auch wenn andere das *scheinbar* von Ihnen erwarten. Stehen Sie zum Inhalt Ihres Blumentopfes, zu Ihren Gefühlen und Bedürfnissen. Manchmal *müssen* Sie andere enttäuschen, um sich selbst gerecht zu werden:

- Verweigern Sie einem Menschen, der Sie überfordert, das Gewünschte, damit Sie sich und Ihren Werten treu bleiben können.
- Enttäuschen Sie die Hoffnung eines anderen, wenn sie sich nicht mit Ihren Bedürfnissen deckt.
- Verweigern Sie die Zustimmung, die jemand von Ihnen bekommen möchte, wenn Sie andere Pläne haben.

- Verweigern Sie das Lächeln, das jemand von Ihnen erwartet, wenn Ihnen nicht zum Lächeln zumute ist.
- Nicken Sie nie mit dem Kopf, wenn Sie einem anderen in Wirklichkeit nicht zustimmen.[86]
- Und lassen Sie sich nicht verbiegen, auch wenn andere es versuchen – sondern biegen Sie in jene Richtung ab, die Sie zu Ihrem persönlichen Glück führt.

Gut möglich, dass über Ihr neues Verhalten getuschelt wird, wie über Yusuf und seinen leeren Blumentopf. Aber das geschieht nur, weil sich Ihre Mitmenschen an Ihren neuen Kurs gewöhnen müssen. Lassen Sie Ihr Verhalten nicht von den Erwartungen der anderen bestimmen, sondern bestimmen Sie mit Ihrem Verhalten die Erwartungen der anderen. Dann, erst dann, führen Sie Ihr eigenes Leben, statt nur gelebt zu werden.

Wenn Sie Ihren eigenen Weg gehen, profitieren alle; Sie schenken Ihren Mitmenschen das Kostbarste, was Sie haben: sich selbst. Egal, welche Rollen Sie bislang im Leben spielen, ob rettender Engel oder Dauerlächler: Nie werden Sie so brillant sein, so gewinnend und überzeugend, wie wenn Sie Ihr authentisches Ich mit Leben füllen. Lassen Sie aufleuchten, was an Wünschen in Ihnen glimmt. Packen Sie dauerhaft Qualitäten aus, die Sie bislang nur aus Ihren besten Momenten kennen. Erlauben Sie sich Wagnisse, die Sie stärken und Ihren Mut trainieren. Bringen Sie endlich den kostbaren Menschen ans Licht, der in Ihnen angelegt ist, seit dem Tag Ihrer Geburt.

Wie sagte der König so schön: »Wer zu sich selber steht, blüht auf und lässt andere blühen.«

Der Zauber der kleinen Schritte

Stellen Sie sich vor, Sie stehen an einem Bahnschalter, und der Mitarbeiter fragt Sie: »Wohin soll die Reise gehen?« Und Sie sagen: »Weg von hier!« Bekommen Sie so eine Fahrkarte für das richtige Ziel? Wohl kaum – eine solche Reise scheitert.

Dasselbe werden Sie erleben, wenn Ihr Ziel lautet: »Raus aus der grenzenlosen Nettigkeit«. Erst wenn Sie wissen, was Sie *stattdessen* wollen, wenn Sie ein Ziel Ihrer Veränderungs-Reise benennen, kommen Sie wirklich in Fahrt.

Es gibt zwei Ebenen der Veränderung: in Ihrem Denken und in Ihrem Handeln. Beides hängt eng zusammen. Ihre Glaubenssätze geben Ihrem Leben die Richtung vor. Wie Sie in einer Situation handeln, ob Sie mutig oder feige sind, Ja oder Nein sagen, hängt von Ihren Überzeugungen ab.

Die folgende Übung bietet Ihnen zehn Überzeugungen an. Bitte beurteilen Sie spontan auf einer Skala von 1 (stimmt kein bisschen) bis 10 (stimmt zu 100 Prozent), wie sehr Sie den jeweiligen Sätzen zustimmen. In der nächsten Spalte vergeben Sie Punkte dafür, inwieweit Sie diese Überzeugung schon in Ihrem Alltag leben.

Bitte bearbeiten Sie die komplette Tabelle und werten Sie dann aus: Welchen Sätzen stimmen Sie zwar in hohem Maße zu, füllen sie aber selbst kaum mit Leben? Wo ist die Kluft zwischen Ideal und Wirklichkeit besonders groß? Die rechte Spalte bietet Ihnen danach die Gelegenheit, diese Differenz zu verkleinern: Fassen Sie einen Vorsatz, durch den Sie diese Überzeugung – um mindestens 1 Punkt mehr – mit Leben füllen.

Die Überzeugung	**Stimmt (1–10)**	**Gelebt (1–10)**	**Das tu ich, um mich um 1 Punkt zu steigern.**
1. Ich habe ein Recht auf meine Empfindungen und Gedanken, unabhängig davon, ob sie anderen gefallen.			
2. Jede meiner Empfindungen verfolgt eine gute Absicht: Sie will mir helfen, mich so zu verhalten, dass es für mich gesund und stimmig ist.			
3. Nur wenn ich weiß, was in mir vorgeht, kann ich richtig entscheiden und mir ein Leben einrichten, das zu mir passt.			
4. Wenn ich einem anderen sage, was in mir vorgeht, beweise ich ihm damit mein Vertrauen – das ermöglicht einen Kontakt auf Augenhöhe und festigt die Beziehung.			
5. Für die Gefühle und Gedanken, die ich beim anderen auslöse, ist dieser selbst verantwortlich – ich werfe ihm einen Ball zu, und er entscheidet, was er damit macht.			

Die Überzeugung	**Stimmt (1–10)**	**Gelebt (1–10)**	**Das tu ich, um mich um 1 Punkt zu steigern.**
6. Wenn ich für meine eigenen Bedürfnisse eintrete, tu ich das *für* mich, nie *gegen* einen anderen. Es ist die natürlichste Sache der Welt.			
7. Es ist sozial und fair, dass ich eine klare Position beziehe. Nur so weiß der andere, wo ich stehe und wo er mich eventuell abholen kann.			
8. Ich darf mich wichtig nehmen und es anderen auch zeigen, ohne deshalb ein Wichtigtuer zu sein. Das macht mich zu einer starken Persönlichkeit und bringt mir Respekt ein.			
9. Ich bin wie ein Land: Erst Grenzen machen mich für andere sichtbar. Ich darf mich behaupten, Nein sagen, Zumutungen zurückweisen, Bitten ablehnen, Wünsche äußern und Forderungen stellen.			

Die Überzeugung	**Stimmt (1–10)**	**Gelebt (1–10)**	**Das tu ich, um mich um 1 Punkt zu steigern.**
10. Ein wertvoller Mensch bin ich *nicht,* weil mich alle mögen – sondern weil ich mich selber mag, auch im Scheitern; denn das lässt mich innerlich wachsen.			

Vielleicht scheint Ihnen das Ziel, sich um nur einen Punkt zu steigern, wenig ambitioniert. Dann möchte ich Ihnen eine Geschichte von Nasrudin erzählen, dem orientalischen Eulenspiegel. Er wollte Gitarre lernen und sprach einen alten, weisen Lehrer an: »Was kostet bei Ihnen die Unterrichtsstunde?«

Der Lehrer sagte: »In der ersten Woche zahlst du den vollen Preis, in der zweiten Woche nur noch die Hälfte, in der dritten ein Viertel.«

Nasrudin grübelte eine Weile und meinte dann: »Wenn das so ist, fange ich gleich mit der dritten Woche an.«

Solche Abkürzungen sind im Leben nicht drin. Der weise Lehrer wusste: Es braucht den ersten Schritt – nur dann werden Fort-Schritte möglich. Wer sich zu viel vornimmt, läuft Gefahr, sich selbst zu blockieren. Wer in Etappen denkt, motiviert sich.

Geben Sie sich die Erlaubnis, Ihr Verhalten Schritt für Schritt zu verändern. Halten Sie diese kleinen Erfolge gern in einem Tagebuch fest, in dem Sie jeden Abend notieren: Was lief heute *ein wenig* besser als sonst? Und wie kann ich diesen Fortschritt morgen ein kleines Stück ausbauen? Es kommt nicht auf die Größe

Ihrer Schritte an, sondern dass Sie sie gehen. Und dass die Richtung stimmt.

Und hier ein Beispiel dafür, wie sich mithilfe der Tabelle kleine Vorsätze realisieren lassen. Erinnern Sie sich noch an meine Klientin Bianca Löffler? Das war die Frau, die bei der Party mit ihrer Ansicht zur Vermögenssteuer hinterm Berg hielt. Ihre übermäßige Zurückhaltung, auch im sonstigen Leben, hing zusammen mit der einstigen Forderung ihrer Eltern, sie müsse nicht zu allem ihre Meinung sagen.

»Ich habe ein Recht auf meine Empfindungen und Gedanken, unabhängig davon, ob sie anderen gefallen«: Diesem Satz hatte Löffler in der Tabelle mit 10 Punkten zugestimmt, sich aber nur 2 Punkte für die Umsetzung gegeben. Folgendes nahm sie sich vor, um einen Punkt voranzukommen:

»Bislang habe ich meinem Kollegen Michael nie widersprochen, obwohl ich seine Ansichten für falsch halte. Beim nächsten Mal werde ich sagen: ›Man kann das so sehen wie du. Eine andere Möglichkeit ist ...‹ Und dann trage ich unauffällig meine Meinung vor.«

Sie wollte ihm nicht direkt widersprechen, ja nicht mal ausdrücklich sagen, dass dies ihre Meinung sei. Aber immerhin: Sie stellte eine andere Ansicht in den Raum. Diesen kleinen Schritt traute sie sich zu. Dagegen hätte sie der Vorsatz, dem Kollegen sofort Kontra zu geben, *noch* überfordert.

»Wenn ich einem anderen sage, was in mir vorgeht, beweise ich ihm damit mein Vertrauen – das ermöglicht einen Kontakt auf Augenhöhe und festigt die Beziehung.« Hier stimmte sie mit 9 Punkten zu, räumte sich aber nur 3 Punkte bei der Umsetzung ein. Als kleinen Schritt in die erwünschte Richtung hielt sie fest:

»Meine Mutter lädt mich oft ein. Zu oft, finde ich. Dennoch sage ich fast immer zu, auch wenn ich keine Zeit habe. Beim nächsten Mal werde ich ihr eine Alternative anbieten: ›Diese Woche geht es leider nicht – ich könnte wieder am ....‹«

Statt der Mutter einen Korb zu geben, was ihr *noch* allzu schwer gefallen wäre, strebte sie einen Aufschub des Termins an – diese Lösung schien ihr eine stimmige Brücke zu sein zwischen ihrem alten und ihrem angestrebten Verhalten.

»Ein wertvoller Mensch bin ich *nicht*, weil mich alle mögen – sondern weil ich mich selber mag, auch im Scheitern; denn das lässt mich innerlich wachsen.« Diesem Satz stimmte sie mit 10 Punkten zu, fand aber, dass sie ihn nur mit 2 Punkten lebte. Um sich auf 3 Punkte zu steigern, beschloss sie, einen Post-it-Zettel an ihren Badezimmerspiegel zu kleben: »Ich mag mich, wie ich bin!« Als Erinnerung daran, dass es auf ihr Urteil über sich selbst ankam, nicht auf das der anderen.

So leitete Bianca Löffler noch weitere Vorsätze aus der Tabelle ab, winzige Veränderungen – aber alle zielten in die erwünschte Richtung. Es verging ein halbes Jahr, bis sie stolz berichtete: »Gestern habe ich meinem Kollegen Michael ganz direkt widersprochen – auch noch in einer öffentlichen Runde. Er hatte mal wieder eine abenteuerliche Zeitprognose für ein Projekt abgegeben. Das wollte ich so nicht stehen lassen. Es ging mir leichter über die Lippen, als ich es für möglich gehalten hätte. Und er wirkte nicht mal überrascht. Er kannte das ja schon von mir, dass ich nicht mehr nur mit dem Kopf nickte.« Und auch die Treffen mit ihrer Mutter hatte sie auf ein vernünftiges Maß dosiert, so langsam und einfühlsam, dass die beiden nach wie vor ein gutes Verhältnis pflegten.

Schrittweise hatte Bianca Löffler es geschafft, ein Leben zu führen, das im Einklang mit ihren Überzeugungen stand. Sie nahm ihre Bedürfnisse ernster und hatte zu einem positiveren Selbstbild gefunden. Sie war sich ihrer »selbst bewusster« geworden – und machte vor dem Rest der Welt keinen Hehl mehr aus ihrem Selbstbewusstsein. Die vielen kleinen Schritte hatten sie zu ihrem großen Ziel getragen.

Entdecken Sie Ihr größtes Vorbild (im eigenen Spiegel!)

Ganz egal, mit wie vielen Punkten Sie die Umsetzung Ihrer Überzeugungen in der obigen Tabelle bewertet haben, ich bin sicher: Keines dieser Urteile gilt für *alle* Bereiche Ihres Lebens. Vielleicht gelingt es Ihnen, sich im Beruf zu behaupten, etwa als Experte auf Ihrem Gebiet. Dagegen tun Sie sich schwer, Ihre Interessen gegenüber geliebten Menschen zu vertreten. So kenne ich zum Beispiel einen netten Geschäftsführer, der es im Laufe der Jahre gelernt hat, unangemessene Wünsche seiner Mitarbeiter und Kunden abzulehnen. Aber sobald seine beiden Töchter, Zwillinge von acht Jahren, oder seine Frau etwas von ihm wollen, wird er weich – auch wenn es gegen seine eigenen Interessen verstößt. Seine Herausforderungen liegen im Familienleben.

Verhält es sich bei Ihnen genau umgekehrt? Sind Sie in der Lage, gegenüber vertrauten Menschen mit offenen Karten zu spielen? Sagen Sie Ihren Freunden schon mal, dass Sie gerade keine Lust auf etwas haben – während Sie sich mit einem Nein im Job unendlich schwertun?

Vor einigen Jahren beriet ich einen Außendienstler, der sich privat gut durchsetzen konnte. Aber sobald sein Chef bei ihm auf der Matte stand und sein Verkaufsgebiet mal wieder erweitern wollte, machte er gute Miene zum bösen Spiel. Seine Herausforderungen lagen im Berufsleben.

Niemand ist immer nur nett. Je differenzierter Sie auf Ihr Leben blicken, desto eher wissen Sie: Auf welchen Feldern möchte ich mich entwickeln? Und wo bin ich schon einen Schritt weiter und kann von mir selbst lernen? Diese Methode ist besonders interessant: Nehmen Sie sich selbst zum Vorbild, in Ihren besten Augenblicken – und nicht die anderen.

Die folgenden drei Tabellen bringen Sie auf die Spur. Zunächst sind drei Lebensbereiche genannt, Berufsleben, Familienleben und Privatleben, dann folgen Menschen, mit denen Sie es dort womöglich zu tun haben. Bitte vergeben Sie einen Skalen-Wert zwischen 1 (fällt mir sehr, sehr leicht, mich in diesem Bereich oder gegenüber diesen Menschen zu behaupten) und 10 (fällt mir sehr, sehr schwer):

Lebensbereich 1: Berufsleben

Bereich/Menschen	Skalen-Wert (1–10)
Berufsleben allgemein	
Direkte Führungskraft	
Gehobene Führungskraft	
Unterstellter Mitarbeiter	
Kollege	

Bereich/Menschen	Skalen-Wert (1–10)
Auszubildender	
Kunde	
Geschäftspartner	
…	
…	

Lebensbereich 2: Familienleben

Bereich/Menschen	Skalen-Wert (1–10)
Familienleben allgemein	
Partner/-in	
Vater	
Mutter	
Sohn	
Tochter	
Oma	
Opa	
…	
…	

Lebensbereich 3: Privatleben

Bereich/Menschen	**Skalen-Wert (1–10)**
Privatleben allgemein	
Alter Freund	
Neuer Freund	
Nachbar	
Vereinskollege	
Guter Bekannter	
Flüchtiger Bekannter	
Smalltalk-Partner	
...	
...	

Wie sieht es in Ihrer Tabelle aus? Wo stehen die niedrigsten Zahlen? Und in welchem Bereich Ihres Lebens behaupten Sie sich am besten? Aus welchen Gründen fällt es Ihnen da leichter? Angenommen Sie würden dieses Verhalten auf einen anderen Lebensbereich oder einen anderen Menschen übertragen – welche Chancen könnte das bieten? Und inwieweit lässt sich dieses Verhalten im Hinblick auf andere Menschen und andere Bereiche ausbauen?

Die folgenden Fragen helfen Ihnen, Ihre Potenziale gezielt zu nutzen:

Lebensbereich 1: Berufsleben

Wem gegenüber fällt es Ihnen im Berufsleben am leichtesten, sich zu behaupten?

___

___

___

Was ist gegenüber dieser Person anders als gegenüber dem Rest?

___

___

___

Wie erklären Sie es, dass Ihre innere Sicherheit im Umgang mit dieser Person größer ist als sonst? Welche Werte und Ziele leiten Sie?

___

___

___

In welcher Situation haben Sie sich gegenüber diesem Menschen abgegrenzt?

___

___

___

Woran hätte ein Beobachter gemerkt, dass es Ihnen ernster ist als sonst?

___

___

___

Gegenüber welchem Menschen aus Ihrem Berufsleben fällt Ihnen die Abgrenzung am schwersten?

Welche Ihrer Bedürfnisse befriedigen Sie hier durch Ihr Entgegenkommen und Ihre Nettigkeit?

Was ist anders als im Umgang mit der zuvor genannten Person?

Angenommen Sie würden Ihr oben beschriebenes resolutes Verhalten auf den Umgang mit diesem Menschen übertragen – was könnte sich günstigstenfalls verändern?

In welchen Situationen ist es Ihnen schon ansatzweise gelungen, gegenüber diesem Menschen entschiedener aufzutreten – und was können Sie daraus lernen?

Bitte leiten Sie aus der Übung konkrete Vorsätze ab, wie Sie sich künftig im Berufsleben besser behaupten können. Was können Sie von sich selber lernen? Wie genau werden Sie agieren, wenn eine bestimmte Situation wieder eintritt? Malen Sie es sich in allen Details aus – und setzen Sie es dann um.

Lebensbereich 2: Familienleben

Wem gegenüber fällt es Ihnen im Familienleben am leichtesten, sich zu behaupten?

Was ist gegenüber dieser Person anders als gegenüber dem Rest?

Wie erklären Sie es, dass Ihre innere Sicherheit im Umgang mit dieser Person größer ist als sonst? Welche Werte und Ziele leiten Sie?

In welcher Situation haben Sie sich gegenüber diesem Menschen abgegrenzt?

Woran hätte ein Beobachter gemerkt, dass es Ihnen ernster ist als sonst?

Gegenüber welchem Menschen aus Ihrem Familienleben fällt Ihnen die Abgrenzung am schwersten?

Welche Ihrer Bedürfnisse befriedigen Sie hier durch Ihr Entgegenkommen und Ihre Nettigkeit?

Was ist anders als im Umgang mit der zuvor genannten Person?

Angenommen Sie würden Ihr oben beschriebenes resolutes Verhalten auf den Umgang mit diesem Menschen übertragen – was könnte sich günstigstenfalls verändern?

In welchen Situationen ist es Ihnen schon ansatzweise gelungen, gegenüber diesem Menschen entschiedener aufzutreten – und was können Sie daraus lernen?

Bitte leiten Sie aus der Übung konkrete Vorsätze ab, wie Sie sich künftig im Familienleben besser behaupten können. Was können Sie von sich selber lernen? Wie genau werden Sie agieren, wenn eine bestimmte Situation wieder eintritt? Malen Sie es sich in allen Details aus – und setzen Sie es dann um.

Lebensbereich 3: Privatleben

Wem gegenüber fällt es Ihnen im Privatleben am leichtesten, sich zu behaupten?

Was ist gegenüber dieser Person anders als gegenüber dem Rest?

Wie erklären Sie es, dass Ihre innere Sicherheit im Umgang mit dieser Person größer ist als sonst? Welche Werte und Ziele leiten Sie?

In welcher Situation haben Sie sich gegenüber diesem Menschen abgegrenzt?

Woran hätte ein Beobachter gemerkt, dass es Ihnen ernster ist als sonst?

Gegenüber welchem Menschen aus Ihrem Privatleben fällt Ihnen die Abgrenzung am schwersten?

Welche Ihrer Bedürfnisse befriedigen Sie hier durch Ihr Entgegenkommen und Ihre Nettigkeit?

Was ist anders als im Umgang mit der zuvor genannten Person?

____

____

____

Angenommen Sie würden Ihr oben beschriebenes resolutes Verhalten auf den Umgang mit diesem Menschen übertragen – was könnte sich günstigstenfalls verändern?

____

____

____

In welchen Situationen ist es Ihnen schon ansatzweise gelungen, gegenüber diesem Menschen entschiedener aufzutreten – und was können Sie daraus lernen?

____

____

____

Bitte leiten Sie aus der Übung konkrete Vorsätze ab, wie Sie sich künftig im Privatleben besser behaupten können. Was können Sie von sich selber lernen? Wie genau werden Sie agieren, wenn eine bestimmte Situation wieder eintritt? Malen Sie es sich in allen Details aus – und setzen Sie es dann um.

Ihre Reise zur neuen Nettigkeit

Was wird sich in Ihrem Leben durch dieses Buch verändern? Wie können Sie die gesunde Nettigkeit, die Ihnen dient, der ungesunden vorziehen, die Ihnen schadet? Die ungesunde Nettigkeit verrät sich durch drei Kennzeichen:

1. Sie sind nicht aus freien Stücken nett, sondern weil Sie nicht anders können, selbst wenn die Nettigkeit Ihnen schadet.
2. Sie verleugnen sich und Ihre Bedürfnisse, um es anderen recht zu machen. Weil Sie sich so viel um andere und ihre Meinung kümmern, bereiten Sie sich selbst Kummer.
3. Sie zahlen im Lokal des Lebens eine hohe Rechnung – während andere das Freibier Ihrer Nettigkeit schlürfen, ohne je etwas zurückzuzahlen.

Streifen Sie diese Form der Nettigkeit ab, denn es ist nur eine Maske, die Sie aufsetzen, um anderen zu gefallen. Zeigen Sie sich der Welt, wie Sie wirklich sind, mit Ihren hellen und dunklen Seiten. Drücken Sie aus, was Ihnen wichtig ist, denn Sie haben ein Recht auf Ihre Bedürfnisse. Fordern Sie ein, was Sie von anderen brauchen, denn Sie dürfen Ansprüche stellen. Und öffnen Sie Ihren Kopf und lassen Sie Ihre Gedanken wie bunte Schmetterlinge in die Welt fliegen, auch die verrückten, die kritischen und die unerwünschten – jeder Gedanke, den Sie teilen, macht die Welt bunter und reicher.

Räumen Sie sich das Recht ein, sich selbst wichtig zu nehmen und auf sich zu hören. Tun Sie weniger, um andere zu überzeugen – und mehr aus innerer Überzeugung. Tun Sie weniger, um andere zu gewinnen – und mehr von dem, was ein Gewinn für Sie ist. Erst wenn Sie zu sich stehen, stehen andere hinter Ihnen. Nicht, weil Sie ihre Erwartungen erfüllen – sondern weil Sie sind, wie Sie sind: der einmalige Mensch, als der Sie geboren wurden. Sie müssen sich nicht verbiegen, nicht verstellen, nicht verkleiden.

Wenn Sie in der Vergangenheit unter Ihrer ungesunden Nettigkeit gelitten haben, dann weil sie Ihnen das gewünschte Ergebnis, die Anerkennung und Liebe anderer, niemals bringen konnte:

- Wenn andere Sie mögen, weil Sie ihnen nach dem Mund reden, dann mögen die nicht Sie, sondern nur Ihre Maske.
- Wenn andere Sie schätzen, weil Sie immer nett sind, dann mögen sie nicht Sie, sondern nur Ihre Schauspielerei.
- Und wenn Sie jemand sympathisch findet, weil Sie ihm immer aus der Patsche helfen, dann gilt seine Sympathie nicht Ihnen, sondern nur dem Rettungsring, den Sie ihm zuwerfen.

Jede Zuneigung, die Sie mit einer ungesunden Nettigkeit gewinnen, ist wertlos – sie gilt nicht Ihnen, sondern Ihrer Fassade. Nur wenn Sie zeigen, wer Sie *wirklich* sind, können Sie *wirklich* gemocht werden. Dann gilt die Zuneigung dem Kern Ihrer Persönlichkeit. Das ist das schönste aller Gefühle: dass Sie einem anderen gefallen, ohne dafür durch Gefälligkeiten bezahlen zu müssen; dass Sie seinen Respekt bekommen, ohne Ihren Selbstrespekt dafür zu vernachlässigen; dass Sie sein können, wie Sie sind, statt darzustellen, was von Ihnen erwartet wird.

Machen Sie sich bewusst, dass Authentizität sozial sein kann. Wenn Sie Ihre Bedürfnisse ernst nehmen, nehmen Sie anderen nichts weg: Fürsorge und Selbstfürsorge, Respekt und Selbstrespekt, eigene Bedürfnisse und soziale Anforderungen – das ergänzt sich gut.

Diese Pole gleichen Ihren zwei Beinen: Sie brauchen beide, um sicher zu stehen. Wer nur an die eigenen Bedürfnisse denkt, kippt in den kalten Egoismus. Und wer nur an die Bedürfnisse der anderen denkt, kippt in die Fremdbestimmung. Doch wenn Sie beide Pole akzeptieren und in sich vereinen, wird Ihr Leben eine neue Qualität erlangen.

Lassen Sie diese Gedanken auf sich wirken:

- Sie können sich hingeben, ohne sich zu verlieren. Die Hingabe wird tiefer, wenn Sie sich Ihrer selbst bewusst bleiben.
- Sie können freundlich und entgegenkommend sein, ohne sich selbst zu opfern. Die Freundlichkeit wird echter, wenn sie nicht auf Ihre Kosten geht.
- Sie können andere verstehen, ohne Ihre eigenen Standpunkte aufzugeben. Die Empathie wird glaubwürdiger, wenn Ehrlichkeit sie begleitet.
- Sie können für Ihre Belange kämpfen, ohne andere zu verletzen.
- Sie können Nein zu anderen sagen, ohne sie vor den Kopf zu stoßen.
- Sie können Raum für sich einnehmen, ohne andere zurückzudrängen.

- Sie können mehr leisten, wenn Sie sich nur zu 85 Prozent auslasten – und den Rest als stille Reserve behalten.[87]

Eine gesunde Nettigkeit führt dazu, dass Sie wertschätzend mit Menschen umgehen, aber zugleich Ihre Grenzen wahren. Dieses erfülltere Leben führt zu einer inneren Fülle, die Sie mit anderen teilen können. Sie gefallen den anderen, weil Sie ihnen nicht gefallen wollen.

Aber eine gesunde Nettigkeit bringt es auch mit sich, dass sich einige Menschen abwenden. Wer Sie ausgenutzt hat, aber nicht mehr ausnutzen kann, bleibt Ihnen fern. Wer sich bei Ihnen nur ausgeheult hat, aber nicht mehr ausheulen kann, bleibt Ihnen fern. Und wer nur Ihre Freundschaftsdienste in Anspruch genommen, aber nichts zurückgegeben hat, bleibt Ihnen fern, wenn Sie ihm nicht mehr dienen. Ist das ein Verlust?

Im Gegenteil, es ist ein Gewinn! Die Energievampire haben nicht *Sie* gemocht, sondern nur den Vorteil, den sie aus Ihnen schlagen konnten.

Setzen Sie die Inhalte dieses Buches konsequent um, und ich verspreche Ihnen: Sie werden mit Ihrer *gesunden* Nettigkeit Menschen anziehen, die Ihnen guttun – und Menschen abstoßen, die Ihnen bislang geschadet haben.

Dann sind Sie immer noch ein netter Mensch – aber einer, den die Hunde nicht mehr beißen. Das wünsche ich Ihnen sehr!

Ihr

Martin Wehrle

PS: Viele weitere Anregungen, wie Sie Ihren ganz eigenen Weg gehen können, finden Sie auf meinem YouTube-Kanal: »Martin Wehrle: Coaching- und Karrieretipps« – nutzen Sie diese kostenlosen Videos gern, um sich dauerhaft inspirieren zu lassen.

Weiterführende Literatur

Amend, Lars, *Why not?* GU, 2018

Annesley, Mike; Verni, Ken A., *Anleitung zur Achtsamkeit.* DK, 2016

Aristoteles, *Nikomachische Ethik.* Reclam, 2013

Bach, George R.; Goldberg, Herb, *Keine Angst vor Aggression.* Fischer, 2018

Berckhan, Barbara, *Die etwas gelassenere Art, sich durchzusetzen.* Heyne, 2003

Bjork Harris, Amy; Harris, Thomas A., *Einmal o. k. – immer o. k. Rowohlt, 1998*

Branden, Nathaniel, *Die 6 Säulen des Selbstwertgefühls.* Piper, 2015

Braun, Roman, *Die Macht der Rhetorik.* Redline, 2018

Burck, Eskil, *Neue Psychologie der Beeinflussung.* BoD, 2016

Cain, Susan, *Still.* Goldmann, 2013

Covey, Stephen R., *Die sieben Wege zur Effektivität.* Heyne, 2000

Davis Bush, Ashley, *Das kleine Buch der Ruhe und Gelassenheit.* Heyne, 2017

Dueck, Gunter, *Schwarmdumm.* Campus, 2015

Duhigg, Charles, *Die Macht der Gewohnheit.* Piper, 2019

Ehrhardt, Ute, *Gute Mädchen kommen in den Himmel, böse überall hin.* Fischer, 2001

Esser, Michael; Schmitt, Tom, *Status-Spiele.* Scherz, 2009
Fensterheim, Herbert; Bear, Jean, *Sag nicht ja, wenn du nein sagen willst.* Goldmann, 2013
Freud, Anna, *Das Ich und die Abwehrmechanismen.* Fischer, 1984
Fromm, Erich, *Die Kunst des Liebens.* Ullstein, 2005
Goleman, Daniel. *EQ 2.* dtv, 2005
Greene, Robert, *Power.* dtv, 2008
Jung, Mathias, *Mut zum Ich.* dtv, 2004
Harari, Yuval Noah, *Eine kurze Geschichte der Menschheit.* Pantheon, 2015
Kishimi, Ichiro; Koga, Fumitake, *Du musst nicht von allen gemocht werden.* Rowohlt, 2018
Kolbusa, Matthias, *Gegen den Schwarm.* Ariston, 2014
Kopp-Wichmann, Roland, *Ich kann auch anders.* Herder, 2010
Lauster, Peter, *Lassen Sie der Seele Flügel wachsen.* Rowohlt, 1988
Lelord, François; André, Christophe, *Die Kunst der Selbstachtung.* Kiepenheuer, 2007
Lindau, Veit, *Heirate dich selbst.* Kailash, 2013
Machiavelli, Niccolò, *Der Fürst.* Nikol Verlag, 2013
Magnet, Sabine, *Und was, wenn alle merken, dass ich gar nichts kann?* mvg, 2018
Merkle, Rolf, *So gewinnen Sie mehr Selbstvertrauen.* PAL, 2014
Nöllke, Matthias, *Schlagfertigkeit.* Haufe, 2015
Pépin, Charles, *Sich selbst vertrauen.* Hanser, 2019
Radecki, Monika, *Nein sagen.* Haufe, 2012
Rosenberg, Marshall B., *Gewaltfreie Kommunikation.* Junfermann, 2016
Schlippe von, Arist; Schweitzer, Jochen, *Systemische Interventionen.* Vandenhoeck & Ruprecht, 2010

Schmidbauer, Wolfgang, *Hilflose Helfer*. Rowohlt, 2018
Seligman, Martin E. P., *Erlernte Hilflosigkeit.* Belz, 2011
Sellin, Rolf, *Bis hierher und nicht weiter.* Kösel, 2014
Sellin, Rolf, *Wenn die Haut zu dünn ist.* Kösel, 2011
Senftleben, Ralf, *Entdecke deine Willenskraft.* GU, 2019
Servan-Schreiber, David, *Die Neue Medizin der Emotionen.* Goldmann, 2006
Smith, Manuel, *Sag Nein ohne Skrupel.* mvg, 2012
Stahl, Stefanie, *Das Kind in dir muss Heimat finden.* Kailash, 2015
Stappen van, Anne, *Grenzen setzen – Nein sagen.* Trinity, 2017
Strelecky, John, *The Big Five for Life*. dtv, 2009
Stritzelberger, Reinhold, *Selbstmotivation*. Haufe, 2015
Tepperwein, Kurt, *Die geistigen Gesetze*. Arkana, 2002
Watzlawick, Paul, *Wie wirklich ist die Wirklichkeit?* Piper, 2005
Wehrle, Martin, *Bin ich hier der Depp?* Mosaik, 2013
Wehrle, Martin, *Die Coaching-Schatzkiste*. managerSeminare, 2020
Wehrle, Martin, *Herr Müller, Sie sind doch nicht schwanger?!* Mosaik, 2014
Wehrle, Martin, *Ich könnte ihn erwürgen.* Mosaik, 2020
Wehrle, Martin, *Sei einzig, nicht artig!* Mosaik, 2015
Weidner, Jens, *Die Peperoni-Strategie.* Campus, 2005
Weidner, Jens, *Hart, aber unfair*. Campus, 2013
Wiseman, Richard, *Wie Sie in 60 Sekunden Ihr Leben verändern.* Fischer, 2013
Wlodarek, Eva, *Mich übersieht keiner mehr.* Fischer, 2002
Zurhorst, Eva-Maria, *Liebe dich selbst und es ist egal, wen du heiratest.* Goldmann, 2009

Quellen

1. Harari, Yuval Noah, *Eine kurze Geschichte der Menschheit.* Pantheon, 2015
2. Rifkin, Jeremy, *Die empathische Zivilisation.* Campus, 2010
3. Abels, Heinz; König, Alexandra, *Sozialisation.* VS Verlag, 2010
4. Wehrle, Martin, *Sei einzig, nicht artig!* Mosaik, 2015
5. Niazi-Shahabi, Rebecca, *Ich bleib so scheiße, wie ich bin.* Piper, 2014
6. Schmidbauer, Wolfgang, *Hilflose Helfer.* Rowohlt, 2018
7. Annesley, Mike; Verni, Ken A., *Anleitung zur Achtsamkeit.* DK, 2016
8. Strelecky, John, *The Big Five for Life.* dtv, 2009
9. Wiseman, Richard, *Wie Sie in 60 Sekunden Ihr Leben verändern.* Fischer, 2013
10. Kolbusa, Matthias, *Gegen den Schwarm.* Ariston, 2014
11. hbr.org, *Your most helpful colleague (Don't you hate him?),* 20.09.2010
12. Frenkel-Brunswik, Else, *Intolerance of Ambiguity as an Emotional and Perceptual Personality Variable.* Journal of Personality 18, 1949
13. Tepperwein, Kurt, *Die geistigen Gesetze.* Arkana, 2002
14. Alle Namen von Klienten sind zum Schutz der Identität verändert.
15. Cain, Susan, *Still.* Goldmann, 2013
16. Knischek, Stefan, *Grundlagen der Wirtschaftsmoral.* Springer Gabler, 2019
17. Spiegel-Online, *Warum nette Menschen eher Geldprobleme haben,* 12.10.2018
18. Schaefer, Klaus, *Kulturelle Identität.* Der andere Verlag, 2009
19. Servan-Schreiber, David, *Die Neue Medizin der Emotionen.* Goldmann, 2006
20. Beck, Gloria, *Verbotene Rhetorik.* Piper, 2009
21. Bach, George R.; Goldberg, Herb, *Keine Angst vor Aggression.* Fischer, 2018

22. Weidner, Jens, *Die Peperoni-Strategie.* Campus, 2005
23. Pépin, Charles, *Sich selbst vertrauen.* Hanser, 2019
24. Erhardt, Ute, *Gute Mädchen kommen in den Himmel, böse überall hin.* Fischer, 2001
25. Goleman, Daniel. *EQ 2.* dtv, 2005
26. morgenpost.de, *Können Männer zu nett sein?,* 30.10.2005
27. s. Pépin, 2019
28. Nietzsche, Friedrich, *Also sprach Zarathustra.* Nikol, 2011
29. Greene, Robert, *Power.* dtv, 2008
30. Watzlawick, Paul, *Wie wirklich ist die Wirklichkeit?* Piper, 2005
31. harvardbusinessmanager.de, *Warum man nicht zu nett sein sollte,* 30.03.2015
32. Bjork Harris, Amy; Harris, Thomas A., *Einmal o. k. – immer o. k. Rowohlt, 1998*
33. Bierhoff, Hans-Werner, *Sozialpsychologie.* Kohlhammer, 2006
34. Braun, Roman, *Die Macht der Rhetorik.* Redline, 2018
35. Wlodarek, Eva, *Mich übersieht keiner mehr.* Fischer, 2002
36. s. Servan-Schreiber, 2006
37. freundin.de, *Studie: Mit diesen Dingen machen Sie sich sofort unbeliebt,* 23.09.2017
38. Fox Cabane, Olivia, *Das Charisma-Geheimnis.* mvg, 2019
39. Nasher, Jack, *Deal.* Goldmann, 2019
40. Die Zeit, *Arbeitswelt: Bitte nicht so freundlich,* 01.09.2005
41. Loyd, Alex; Johnson, Ben, *Der Healing-Code.* Rowohl, 2012
42. Freud, Anna, *Das Ich und die Abwehrmechanismen.* Fischer, 1984
43. Lauster, Peter, *Lassen Sie der Seele Flügel wachsen.* Rowohlt, 1988
44. Lindau, Veit, *Heirate dich selbst.* Kailash, 2013
45. Kopp-Wichmann, Roland, *Ich kann auch anders.* Herder, 2010
46. Harris, Russ, *Wer dem Glück hinterherrennt, läuft daran vorbei.* Goldmann, 2013
47. Telfener, Umberta, *Hilfe, ich liebe einen Narzissten!* Goldmann, 2017
48. Esser, Michael; Schmitt, Tom, *Status-Spiele.* Scherz, 2009
49. Merkle, Rolf, *So gewinnen Sie mehr Selbstvertrauen.* PAL, 2014
50. Marson, Jacqui, *Zu nett für diese Welt?* Goldmann, 2014
51. Sprenger, Reinhard K., *Mythos Motivation.* Campus 1999
52. Jung, Mathias, *Mut zum Ich.* dtv, 2004

53. Wehrle, Martin, *Die Coaching-Schatzkiste.* managerSeminare, 2020
54. NDR Info, *Britta Steffen zu Gast bei »Meyer-Burckhardts Frauengeschichten«,* 01.11.2019
55. Kishimi, Ichiro; Koga, Fumitake, *Du musst nicht von allen gemocht werden.* Rowohlt, 2018
56. Burck, Eskil, *Neue Psychologie der Beeinflussung.* BoD, 2016
57. Covey, Stephen R., *Die sieben Wege zur Effektivität.* Heyne, 2000
58. Branden, Nathaniel, *Die 6 Säulen des Selbstwertgefühls.* Piper, 2015
59. faz.net, *Chef werden? Nein, danke!,* 18.09.2019
60. Davis Bush, Ashley, *Das kleine Buch der Ruhe und Gelassenheit.* Heyne, 2017
61. karrierebibel.de, *Respekt! So gewinnen Sie mehr Ansehen im Job.* 08.09.2019
62. Sellin, Rolf, *Bis hierher und nicht weiter.* Kösel, 2014
63. Rosenberg, Marshall B., *Gewaltfreie Kommunikation.* Junfermann, 2016
64. Weidner, Jens, *Hart, aber unfair.* Campus, 2013
65. Machiavelli, Niccolò, *Der Fürst.* Nikol Verlag, 2013
66. Tolle, Eckhart, *Jetzt.* J. Kamphausen, 2017
67. Nöllke, Matthias, *Schlagfertigkeit.* Haufe, 2015
68. Senftleben, Ralf, *Entdecke deine Willenskraft.* GU, 2019
69. Sher, Barbara, *Wishcraft.* Edition Schwarzer, 2006
70. https://domianarchiv.de, 14.10.2009 (WDR-Ausstrahlung)
71. Radecki, Monika, *Nein sagen.* Haufe, 2012
72. Jachtchenko, Wladislaw, *Schwarze Rhetorik.* Goldmann, 2018
73. Stappen van, Anne, *Grenzen setzen – Nein sagen.* Trinity, 2017
74. Schlippe von, Arist; Schweitzer, Jochen, *Systemische Interventionen.* Vandenhoeck & Ruprecht, 2010
75. Sellin, Rolf, *Wenn die Haut zu dünn ist.* Kösel, 2011
76. Fensterheim, Herbert; Bear, Jean, *Sag nicht ja, wenn du nein sagen willst.* Goldmann, 2013
77. Smith, Manuel, *Sag Nein ohne Skrupel.* mvg, 2012
78. Wehrle, Martin, *Ich könnte ihn erwürgen.* Mosaik, 2020
79. s. Smith, 2012
80. Wehrle, Martin, *Herr Müller, Sie sind doch nicht schwanger?!* Mosaik, 2014
81. Lelord, François; André, Christophe, *Die Kunst der Selbstachtung.* Kiepenheuer, 2007
82. Stritzelberger, Reinhold, *Selbstmotivation.* Haufe, 2015

83. Asgodom, Sabine, *Eigenlob stimmt.* Econ, 2018
84. Magnet, Sabine, *Und was, wenn alle merken, dass ich gar nichts kann?* mvg, 2018
85. Wehrle, Martin, *Bin ich hier der Depp?* Mosaik, 2013
86. Berckhan, Barbara, *Die etwas gelassenere Art, sich durchzusetzen.* Heyne, 2003
87. Dueck, Gunter, *Schwarmdumm.* Campus, 2015

Register